中国电子教育学会高教分会推荐
普通高等教育新工科数字媒体专业"十三五"课改规划教材

三维编程原理及 Direct3D 实践

宋 伟 刘子澍 田逸非 编著

西安电子科技大学出版社

内 容 简 介

本书主要讲解 DirectX 9.0 的三维编程知识，包括 DirectX 简介、基本空间变换、Direct3D 的绘制方法、Alpha 融合、光照与材质、三维网格模型、拾取、动画网格模型、使用 DirectX 绘制文字、自由摄像机、Sprite、粒子系统、音效播放以及基于 TCP/IP 的网络游戏基础等内容。

本书可以作为高等学校数字媒体技术专业游戏开发方向相关必修课的教材，也可以作为本科计算机专业相关选修课的教材，还可以作为对计算机图形学感兴趣或者希望了解游戏引擎底层原理的读者的参考书籍。

图书在版编目(CIP)数据

三维编程原理及 Direct3D 实践 / 宋伟，刘子澍，田逸非编著. —西安：
西安电子科技大学出版社，2019.8
ISBN 978-7-5606-5409-6

Ⅰ. ①三⋯ Ⅱ. ①宋⋯ ②刘⋯ ③田⋯ Ⅲ. ①DirectX 软件—程序设计—高等学校—教材
Ⅳ. ①TP317

中国版本图书馆 CIP 数据核字(2019)第 157448 号

策划编辑　刘小莉
责任编辑　马晓娟
出版发行　西安电子科技大学出版社(西安市太白南路 2 号)
电　　话　(029)88242885　88201467　　邮　编　710071
网　　址　www.xduph.com　　　　　　　　电子邮箱　xdupfxb001@163.com
经　　销　新华书店
印刷单位　陕西日报社
版　　次　2019 年 8 月第 1 版　2019 年 8 月第 1 次印刷
开　　本　787 毫米×1092 毫米　1/16　印 张　11.375
字　　数　241 千字
印　　数　1～2000 册
定　　价　26.00 元

ISBN 978-7-5606-5409-6 / TP

XDUP 5711001-1

如有印装问题可调换

作 者 简 介

宋伟，北方工业大学信息学院副教授，韩国东国大学多媒体工学专业博士生导师。

2005 年毕业于东北大学软件工程专业，获学士学位；2013 年毕业于韩国东国大学多媒体工学系，获工学博士学位。2013 年至今，工作于北方工业大学信息学院，现任国际学院副院长。近年的研究领域主要涉及激光雷达、三维重建、并行计算、无人驾驶、虚拟现实等。发表学术论文 100 余篇，其中 SCI 检索期刊论文 27 篇；发明专利 3 项；出版专著 1 部。主持横、纵向项目 10 余项，包括国家自然科学基金 1 项、教育部留学回国人员科研启动基金 1 项、北京市留学人员科技活动择优资助 1 项。获北京市高等教育教学成果二等奖 1 项。

前 言

DirectX 集成了 Direct3D、DirectDraw、DirectInput、DirectPlay、DirectSound、DirectShow、DirectSetup、DirectMediaObjects 等多个组件。Direct3D 是基于微软的通用对象模式 COM 的 3D 图形 API。DirectX SDK 当前常见的版本有 DirectX 9、DirectX 10、DirectX 11、DirectX 12。DirectX 9 具有良好的硬件兼容性，可以支持当前绝大部分主流显卡，具有复杂的顶点着色引擎。DirectX 10 在几何处理阶段增加了几何渲染单元等功能，提升了 GPU 效率，可以提供更精细的模型细节。DirectX 11 和 DirectX 12 在之前版本的基础上，新增了计算着色器等功能，图像质量比 DirectX 9 高很多。

作为基础版本，DirectX 9 所涉及的三维编程基本原理，如三维顶点缓存的创建和使用、三维空间的变换、光照和材质等在后续版本中未发生变化。DirectX 9 中自带的数学库 D3DX 在后续版本中被"抛弃"，取而代之的是一个专门为向量计算进行过优化的 XNA 库。新版本中大量使用着色器，老版本中一些已有的光照等效果在新版本中使用时需要编写着色器文件。对于 3ds Max 模型的程序载入，DirectX 9 提供了一个加载以.x 结尾的三维模型文件的函数接口，可以直接利用它加载从 3ds Max 等建模软件里导出的.x 模型文件，用于三维物体或者骨骼动画的学习和使用。为提高底层三维编程技能，本书使用 DirectX 系列中十分经典的 DirectX 9 进行讲解。

本书的内容编排如下：

第 1 章 DirectX 简介，介绍 Direct3D 开发环境配置和三维场景绘制的实现过程，并通过案例讲述基于面向对象思想的 Direct3D 开发过程模块封装方法。

第 2 章 基本空间变换，介绍计算机图形学的空间变换原理和算法。

第 3 章 Direct3D 的绘制方法，介绍利用三维顶点、颜色、纹理等元素创建三维模型并绘制的方法。

第 4 章 Alpha 融合，介绍利用 Alpha 通道的透明渲染方法。

第 5 章 光照与材质，介绍 Direct3D 的光照原理和物体材质的创建及使用方法。

第 6 章 三维网格模型，介绍从 3ds Max 的模型导出 XFile 文件的方法以及将其载入

Direct3D 环境的方法和渲染的程序实现过程，并讲解通过三维模型的边界检测原理实现物体碰撞的过程。

第 7 章　拾取，介绍利用射线与物体相交判断鼠标是否点击到场景中的三维物体的方法。

第 8 章　动画网格模型，介绍蒙皮动画的原理，讲解如何将骨骼动画数据从 3ds Max 中导出为 XFile 文件，并实现其在 Direct3D 环境中的加载和渲染。

第 9 章　使用 DirectX 绘制文字，主要介绍在场景中使用 ID3DXFont 接口绘制二维文字以及使用 ID3DXMesh 接口绘制三维文字的方法。

第 10 章　自由摄像机，介绍第一人称自由摄像机的原理和实现方法，以及如何使用鼠标和键盘对摄像机进行控制。

第 11 章　Sprite，介绍使用 ID3DXSprite 接口实现 Sprite 的绘制与移动的方法。

第 12 章　粒子系统，介绍使用 Sprite 实现二维粒子系统的方法以及利用点 Sprite 实现粒子枪的方法。

第 13 章　音效播放，介绍通过 DirectSound 加载并播放 WAV 格式的音频文件的方法。

第 14 章　基于 TCP/IP 的网络游戏基础，简单介绍了 TCP/IP 通信协议，主要讲解在 Windows 平台下使用 Socket 实现不同客户端通过服务器进行通信的方法。

本书详细介绍了三维编程过程中常用的 DirectX 接口，并为读者提供了基本的参数使用规则，若对本书内容有任何疑问，欢迎致信 tianyifei0000@sina.com。本书中所涉及的代码均为开源。

除了 3 位作者之外，参与本书编纂工作的还有北方工业大学信息学院张凌峰、邱吕扬、韩金昆、孙溯、寥金巧、高焱宁、王世麟等同学。

本书的出版得到了北方工业大学 2018 年教育教学改革和课程建设研究项目、北方工业大学"毓优"人才项目、国家自然科学基金项目(61503005)、北京市"长城学者"培养计划项目(CIT&TCD20190304)等资助。

注：书中代码可在出版社网站下载。

北方工业大学　宋伟
2019 年 6 月

目 录 CONTENTS

第一部分 三维编程基础

第1章 DirectX 简介 ... 3
1.1 Direct3D 程序启动 ... 3
1.2 绘制流水线 ... 8
1.3 面向对象的三维程序开发模块设计 ... 15
    1.3.1 D3DUT 模块 ... 16
    1.3.2 MyD3D 模块 ... 20
    1.3.3 主文件 ... 22

第2章 基本空间变换 ... 25
2.1 三维向量 ... 25
2.2 空间变换矩阵 ... 26
    2.2.1 D3DXMATRIX 矩阵定义 ... 26
    2.2.2 空间变换矩阵 ... 27
习题 ... 31

第3章 Direct3D 的绘制方法 ... 33
3.1 三维图形绘制 ... 33
    3.1.1 基于顶点缓存的图形绘制 ... 33
    3.1.2 基于索引缓存的图形绘制 ... 37
3.2 自由顶点格式 ... 40
3.3 基于颜色顶点的图形绘制 ... 41
    3.3.1 D3D 颜色表达 ... 41
    3.3.2 颜色顶点的绘制方法 ... 43
3.4 基于纹理顶点的图形绘制 ... 45
    3.4.1 纹理映射原理 ... 45
    3.4.2 纹理顶点缓存的创建 ... 45

3.4.3　纹理缓存的创建...46
　　3.4.4　纹理顶点的绘制...48
　　3.4.5　纹理过滤器...48
　习题...50

第 4 章　Alpha 融合..52
　4.1　基于 Alpha 通道的像素融合..52
　　4.1.1　Alpha 融合原理...52
　　4.1.2　设置 Alpha 融合渲染状态...52
　4.2　纹理内存的访问..54

第 5 章　光照与材质..57
　5.1　光照与光源..57
　　5.1.1　光照模型...57
　　5.1.2　常用的光源...58
　　5.1.3　常用光源案例分析...60
　5.2　材质..65
　5.3　顶点法向量..66
　习题...68

第二部分　三维编程应用

第 6 章　三维网格模型..71
　6.1　XFile 文件..71
　　6.1.1　三维网格 ID3DXMesh 接口..71
　　6.1.2　网格子集...72
　　6.1.3　Xfile 文件的加载与渲染..73
　6.2　XFile 的边界体..76
　　6.2.1　边界体计算方法...76
　　6.2.2　子集边界体...77
　6.3　碰撞检测..80
　习题...81

第 7 章　拾取..82
　7.1　计算拾取射线..82
　7.2　判断射线与物体是否相交..85

7.3 拾取案例 86

第 8 章 动画网格模型 88
8.1 骨骼动画相关技术原理 88
8.2 骨骼动画类 89
8.2.1 骨骼动画数据结构 89
8.2.2 分层结构接口 90
8.2.3 骨骼动画类 D3DXAnimation 95
8.2.4 骨骼动画实例 101

第 9 章 使用 DirectX 绘制文字 105
9.1 二维文字的绘制 105
9.1.1 文字的创建 105
9.1.2 文字的绘制 107
9.1.3 字体类的封装 109
9.1.4 显示中文 109
9.2 三维文字的绘制 110
9.2.1 文字的创建及绘制 110
9.2.2 字体类的封装 113
9.2.3 显示中文 114

第 10 章 自由摄像机 115
10.1 自由摄像机类的设计 115
10.2 观察矩阵的计算 116
10.3 摄像机的移动 119

第 11 章 Sprite 124
11.1 Sprite 简介 124
11.2 Sprite 的创建与绘制 124
11.2.1 Sprite 的创建 124
11.2.2 Sprite 的绘制 125
11.3 MySprite 类设计 129

第 12 章 粒子系统 131
12.1 二维粒子系统 131
12.1.1 使用 Sprite 创建粒子 131

  12.1.2 绘制粒子 133
 12.2 三维粒子系统 135
  12.2.1 粒子枪类的设计 135
  12.2.2 粒子的创建、更新和销毁 137
  12.2.3 绘制粒子 139

第 13 章 音效播放 144
 13.1 WAV 格式文件简介 144
 13.2 使用 DirectSound 播放 WAV 音频文件 145
  13.2.1 DirectSound 的初始化 145
  13.2.2 播放音频文件 149
 13.3 SoundPlayer 类设计 151

第 14 章 基于 TCP/IP 的网络游戏基础 154
 14.1 TCP 协议简介 154
 14.2 使用 Socket 进行网络通信 155
  14.2.1 服务器 155
  14.2.2 客户端 161
 14.3 应用案例 162
  14.3.1 服务器端 163
  14.3.2 客户端 167

第一部分

三维编程基础

三 檢視野基布

第 1 章　DirectX 简介

　　DirectX 是由微软开发的一套 API，这套 API 包含了 DirectGraphics(Direct3D+DirectDraw)、DirectInput、DirectShow、DirectSound、DirectPlay、DirectSetup、DirectMediaObjects 等多个组件，它可使程序员在编程时不用关心电脑底层硬件。本书重点介绍 DirectX 的图形 API——Direct3D。

1.1　Direct3D 程序启动

　　Direct3D，简称 D3D，是一套底层图形 API，被视作应用程序与图形设备交互的中介。借助该 API，我们能够利用其硬件加速功能来绘制 3D 场景。

　　用 DirectX 开发程序无需关心所使用的硬件设备，用 Direct3D 开发游戏也可以不用关心电脑使用的图形硬件，这主要得益于图形硬件设备之上的硬件抽象层(Hardware Abstraction Layer，HAL)，它极大地方便了游戏开发中的程序编写。HAL 是由硬件制造商提供的设备驱动程序接口，Direct3D 可以通过 HAL 直接与图形硬件通信。此外，利用 HAL 提供的图形硬件加速功能，Direct3D 可以绘制出更高效和更高质量的游戏场景。另外，在 DirectX 和 HAL 之间还存在一个硬件模拟层(Hardware Emulation Layer，HEL)。当电脑上的硬件不支持 Direct3D 的某些高级功能时，HEL 会通过软件运算来模拟硬件运算(后面将介绍 Direct3D 初始化时如何获取 Direct3D 设备；检测硬件设备是否支持我们提出的一些性能要求；在要求不能满足时，系统将采用软件进行运算模拟支持，以达到和硬件支持同样的效果)。

1．配置开发环境

　　安装 DirectX SDK 后，需要配置 D3D 的程序开发环境。首先，打开 Visual Studio 2010 创建一个空的 Win32 项目。然后，在"解决方案"栏选中项目名，单击右键的属性菜单，弹出项目属性配置对话框。在对话框中选中"配置属性"→"VC++目录"，如图 1.1(a)所示。根据 DirectX SDK 的安装路径，设置 Windows 系统的环境变量 DXSDK_DIR，并设置 DirectX 项目的"包含目录"和"库目录"位置。如图 1.1(b)所示，在"包含目录"中添加 DirectX 头文件目录"$(DXSDK_DIR)Include"。查看工程所用编译器，若工程所选编译器为 Win32，则在"库目录"中添加 DirectX 库文件目录"$(DXSDK_DIR)Lib\x86"；若工程所选编译器为 x64，则在"库目录"中添加"$(DXSDK_DIR)Lib\x64"。最后，在链接器下的"输入"选项中选择"附加依赖项"，添加 d3d9.lib、d3dx9.lib、winmm.lib 文件，如图 1.1(c)所示。至此完成了 DirectX 的 Windows 开发环境配置。

(a) 项目属性配置对话框

(b) "包含目录"和"库目录"的 DirectX SDK 路径设置

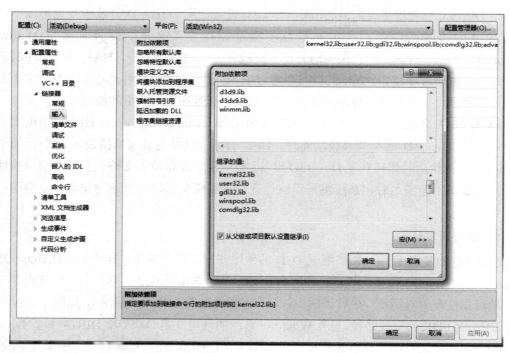

(c) Direct3D Lib 文件设置

图 1.1 Direct3D 开发环境的配置

2. 初始化

在程序开始，需要对 Direct3D 进行初始化，其步骤如图 1.2 所示。

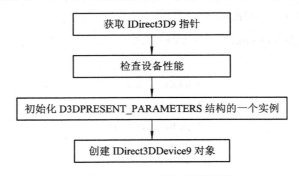

图 1.2 Direct3D 的初始化过程

1) 获取 IDirect3D9 指针

IDirect3D9 接口指针用于设备枚举和创建 IDirect3DDevice9 对象。设备枚举可以获取当前系统中每块可用的物理硬件设备的信息。创建 IDirect3DDevice9 对象是指根据我们需要的功能和获取的设备性能，创建一种用来显示 3D 图形的硬件设备对象。以下代码片段展示了如何创建 IDirect3D9 接口对象的指针：

    IDirect3D9*   d3d9 = 0;

    d3d9 = Direct3DCreate9(D3D_SDK_VERSION);

在 Direct3D 编程中，IDirect3D9 是我们需要创建的第一个对象，也是我们最后释放的对象。需要注意的是，Direct3DCreate9 的参数是 D3D_SDK_VERSION，它指定了我们创建的 IDirect3D9 指针使用的 SDK 版本。

2) 检查设备性能

为检查设备性能及获取硬件设备信息，需利用 GetDeviceCaps() 函数及其返回值，将设备信息保存到一个 D3DCAPS9 结构中。如果显卡不支持硬件顶点运算，需要利用 HEL 层(在 Direct3D 和 HAL 层之间)执行软件顶点运算来模拟硬件顶点运算。虽然软件顶点运算比硬件顶点运算慢，但是它可以保证我们的程序不会因为不支持某功能而中断。在创建 IDirect3DDevice9 之前，必须明确显卡是否支持硬件顶点运算功能。利用以下代码可以判断主显卡是否支持硬件顶点运算功能：

    D3DCAPS9 caps;

    d3d9->GetDeviceCaps(D3DADAPTER_DEFAULT, DeviceType, &caps);

    int vp = 0;

    if(caps.DevCaps & D3DDEVCAPS_HWTRANSFORMANDLIGHT)

        vp = D3DCREATE_HARDWARE_VERTEXPROCESSING;

    else

        vp = D3DCREATE_SOFTWARE_VERTEXPROCESSING;

3) 初始化 D3DPRESENT_PARAMETERS 结构的一个实例

D3DPRESENT_PARAMETERS 结构由诸多属性组成，可以通过指定变量类型来创建 IDirect3DDevice9 的接口。该结构的原型如下：

```
typedef struct _D3DPRESENT_PARAMETERS_
{
    UINT                    BackBufferWidth;
    UINT                    BackBufferHeight;
    D3DFORMAT               BackBufferFormat;
    UINT                    BackBufferCount;

    D3DMULTISAMPLE_TYPE     MultiSampleType;
    DWORD                   MultiSampleQuality;

    D3DSWAPEFFECT           SwapEffect;
    HWND                    hDeviceWindow;
    BOOL                    Windowed;
    BOOL                    EnableAutoDepthStencil;
    D3DFORMAT               AutoDepthStencilFormat;
    DWORD                   Flags;

    UINT                    FullScreen_RefreshRateInHz;
    UINT                    PresentationInterval;
} D3DPRESENT_PARAMETERS;
```

各项参数的含义如下：

- BackBufferWidth：后台缓存区表面的宽度，单位为像素。
- BackBufferHeight：后台缓存区表面的高度，单位为像素。
- BackBufferFormat：后台缓存像素格式，如 D3DFMT_R8G8B8、D3DFMT_A8R8G8B8 等。
- BackBufferCount：后台缓存区的个数。
- MultiSampleType：后台缓存使用的多重采样类型。
- MultiSampleQuality：多重采样的质量水平。
- SwapEffect：指定交换链中缓存的页面置换方式，其值为 D3DSWAPEFFECT 枚举类型中的一个成员，可指定为 D3DSWAPEFFECT_DISCARD、D3DSWAPEFFECT_FLIP 或 D3DSWAPEFFECT_COPY 常量。

- hDeviceWindow：与设备相关的窗口句柄，指定了要进行绘制的应用程序窗口。
- Windowed：窗口显示模式，为 true 时代表窗口模式，为 false 时代表全屏模式。
- EnableAutoDepthStencil：为 true 时，Direct3D 自动创建并维护深度缓存或模板缓存。
- AutoDepthStencilFormat：深度缓存或模板缓存的像素格式。在后面的示例中我们将其设为 D3DFMT_D24S8，用 24 位表示深度，8 位保留给模板缓存用。
- Flags：一些附加的属性，可以指定为 0 (无标记)或 D3DPRESENTFLAG 集合中的一个成员。
- FullScreen_RefreshRateInHz：刷新频率，设置为 D3DPRESENT_RATE_DEFAULT 时表示使用默认的刷新频率。
- PresentationInterval：D3DPRESENT 集合的一个成员。设置为 D3DPRESENT_INTERVAL_IMMEDIATE 时表示立即显示更新；设置为 D3DPRESENT_INTERVAL_DEFAULT 时，表示由 Direct3D 来选择提交频率。通常该值等于刷新频率。

下面这段代码是一个 D3DPRESENT_PARAMETERS 结构体的初始化实例：

```
D3DPRESENT_PARAMETERS d3dpp;
d3dpp.BackBufferWidth = width;
d3dpp.BackBufferHeight = height;
d3dpp.BackBufferFormat = D3DFMT_A8R8G8B8;
d3dpp.BackBufferCount = 1;
d3dpp.MultiSampleType = D3DMULTISAMPLE_NONE;
d3dpp.MultiSampleQuality = 0;
d3dpp.SwapEffect = D3DSWAPEFFECT_DISCARD;
d3dpp.hDeviceWindow = hwnd;
d3dpp.Windowed = windowed;
d3dpp.EnableAutoDepthStencil = true;
d3dpp.AutoDepthStencilFormat = D3DFMT_D24S8;
d3dpp.Flags = 0;
d3dpp.FullScreen_RefreshRateInHz = D3DPRESENT_RATE_DEFAULT;
d3dpp.PresentationInterval = D3DPRESENT_INTERVAL_IMMEDIATE;
```

4) 创建 IDirect3DDevice9 对象

我们利用上面设定好的 D3DPRESENT_PARAMETERS 结构体实例，通过 CreateDevice() 函数创建 IDirect3DDevice9 接口对象。CreateDevice()函数的原型如下：

```
HRESULT CreateDevice(
    UINT                    Adapter,
    D3DDEVTYPE              DeviceType,
```

```
        HWND                        hFocusWindow,
        DWORD                       BehaviorFlags,
        D3DPRESENT_PARAMETERS*      pPresentationParameters,
        IDirect3DDevice9**          ppReturnedDeviceInterface
    );
```

各项参数的含义如下：

• Adapter：指定创建的 IDirect3DDevice9 对象代表的物理显卡，设为 D3DADAPTER_DEFAULT 时表示使用主显卡。

• DeviceType：指定需要使用的设备类型(是硬件设备 D3DDEVTYPE_HAL 还是软件设备 D3DDEVTYPE_REF)。

• hFocusWindow：与设备相关的窗口句柄，该句柄应与 D3DPRESENT_PARAMETERS 结构的数据成员 d3dpp.hDeviceWindow 为同一句柄。

• BehaviorFlags：该参数可设定为使用支持顶点运算的硬件选项 D3DCREATE_HARDWARE_VERTEXPROCESSING 或软件模拟选项 D3DCREATE_SOFTWARE_VERTEXPROCESSING。

• pPresentationParameters：设备特性的 D3DPRESENT_PARAMETERS 实例。

• ppReturnedDeviceInterface：指向创建完成的 IDirect3DDevice9 类型的对象，是调用该函数获得的 IDirect3DDevice9 接口。

下面一段代码展示了如何创建 Idirect3DDevice9 接口：

```
IDirect3DDevice9**   device;
hr = d3d9->CreateDevice ( D3DADAPTER_DEFAULT,
                DeviceType,
                hwnd,
                vp,
                &d3dpp,
                device);
```

1.2 绘制流水线

在 Direct3D 中，所有的三维场景在显示器上显示为二维画面都需要经过绘制流水线、将三维物体投影到二维屏幕等一系列变换和处理操作。图 1.3 展示了利用虚拟摄像机绘制流水线的工作原理和流程。

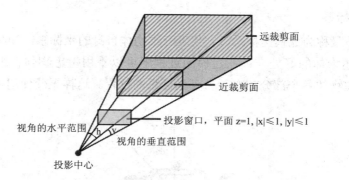

(a) 虚拟摄像机的成像原理

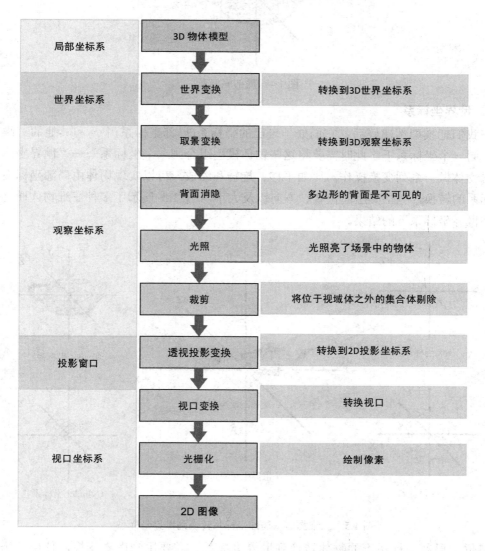

(b) 绘制流水线的流程

图 1.3 绘制流水线的工作原理及基本流程

1. 局部坐标系

局部坐标系又称为建模坐标系，它代表三维物体自身的坐标系，如图 1.4 所示。使用局部坐标系描述物体的好处是：在建模的过程中可以不用考虑物体在世界坐标系中的位置，只需要考虑物体各个部分相对于自身坐标系的位置。这样无疑使建模过程变得十分清晰简便。

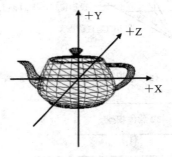

图 1.4 局部坐标系

2. 世界坐标系

在我们把模型都建好后，它们处于自己的坐标系(局部坐标系)中，和其他的三维物体不处于同一个坐标系下。此时需要将这些物体模型组合到一个坐标系——"世界坐标系"下。对物体做一系列变换操作，比如平移、旋转和缩放，可以实现物体由局部坐标系到世界坐标系的转换，包括其空间位置、方向以及大小。图 1.5 展示了多种三维物体通过变换转换到世界坐标系下的结果。

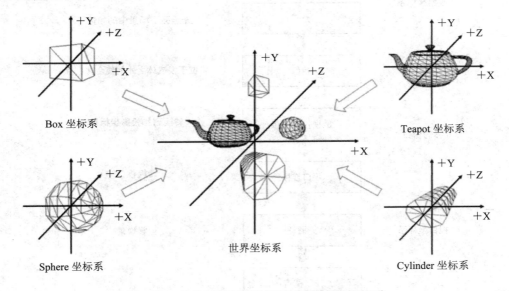

图 1.5 三维物体从局部坐标系转换到世界坐标系

将位于局部坐标系下的物体转换到世界坐标系下需要用到世界变换，使用的函数是 IDirect3DDevice9::SetTransform()，其原型如下：

```
HRESULT SetTransform(
    D3DTRANSFORMSTATETYPE      State,
    const D3DMATRIX *          pMatrix
);
```

其中，pMatrix 为变换矩阵，我们将在第 4 章具体描述其原理和方法；state 为变换类型，其值可以是 D3DTRANSFORMSTATETYPE 的枚举值，或使用 D3DTS_WORLDMATRIX 宏。

D3DTRANSFORMSTATETYPE 的枚举值如下：

```
typedef enum _D3DTRANSFORMSTATETYPE {
    D3DTS_VIEW           = 2,
    D3DTS_PROJECTION     = 3,
    D3DTS_TEXTURE0       = 16,
    D3DTS_TEXTURE1       = 17,
    D3DTS_TEXTURE2       = 18,
    D3DTS_TEXTURE3       = 19,
    D3DTS_TEXTURE4       = 20,
    D3DTS_TEXTURE5       = 21,
    D3DTS_TEXTURE6       = 22,
    D3DTS_TEXTURE7       = 23,
    D3DTS_FORCE_DWORD    = 0x7fffffff
} D3DTRANSFORMSTATETYPE;
```

State 变量的取值如下：
- D3DTS_VIEW：取景变换时使用。
- D3DTS_ PROJECTION：投影变换时使用。
- D3DTS_TEXTURE0~ D3DTS_TEXTURE7：纹理变换时使用。

3．观察坐标系

我们在将三维物体放进世界坐标系后，只是在内存空间里表示其空间信息，为能观察到这些物体，还需要设置虚拟摄像机的信息。正如在现实世界中一样，对于在世界上存在的物体，我们只能看到眼前的。在游戏中，三维场景中也摆放了各种各样的三维物体，而虚拟摄像机就扮演了人眼这个角色，它可以让位于其视域体内的物体显示在游戏画面中。

在世界坐标系中安置好虚拟摄像机后，通过取景变换，世界坐标系中的三维物体就位于观察坐标系中了。下面的一段程序展示了如何设置虚拟摄像机的信息和进行取景视图变换：

```
D3DXVECTOR3 position(0.0f, 0.0f, -3.0f);
D3DXVECTOR3 target(0.0f, 0.0f, 0.0f);
D3DXVECTOR3 up(0.0f, 1.0f, 0.0f);
D3DXMATRIX  V;
D3DXMatrixLookAtLH(&V, &position, &target, &up);
```

其中，D3DXMatrixLookAtLH()函数用于计算视图变换矩阵，其原型如下：
  D3DXMATRIX* WINAPI D3DXMatrixLookAtLH(
  D3DXMATRIX* pOut,
  CONST D3DXVECTOR3* pEye,
  CONST D3DXVECTOR3* pAt,
  CONST D3DXVECTOR3* pUp);

D3DXMatrixLookAtLH()函数的各项参数说明如下：

- pOut：一个指定 D3DXMATRIX 结构体实例的指针，它保存了由后三个参数计算出来的视图变换矩阵结果。
- pEye：指向 D3DXVECTOR3 结构体实例的指针，用于指定虚拟摄像机的位置。
- pAt：指向 D3DXVECTOR3 结构体实例的指针，用于指定虚拟摄像机的方向，类似于人的眼睛观察的方向。
- pUp：指向 D3DXVECTOR3 结构体实例的指针，指定虚拟摄像机向上的方向。想象一下，人直立行走的时候观察到的物体都是直立的，此时的人眼向上的方向可以说是指向天空的方向；当人倒立的时候，观察到的物体是倒立的，此时人的眼睛向上的方向是指向地面的。

在设置好虚拟摄像机的信息后，就要开始进行取景变换了，这里我们要把 SetTransform 函数的第一个参数设置成 D3DTS_VIEW，第二个参数设置成保存了虚拟摄像机信息的那个矩阵，即

  p_Device->SetTransform(D3DTS_VIEW, &V);

4．背面消隐

在图形程序设计中，三维物体具有多面性，若物体不是透明的，在正常情况下我们只能看到正对视角的正面内容，而看不到其背面内容。为了实现背面不被看到的效果，就需要启用背面消隐（Backface Culling）这一功能。

三维物体每个面都有面的法向量，依据左手定则，多边形的顶点排列顺序为顺时针方向时，我们认为该面法向量向上，为逆时针方向时，我们认为该面法向量向下。若法向量朝向虚拟摄像机的视图投影面，则认定该面为正面，反之为背面，如图1.6所示。

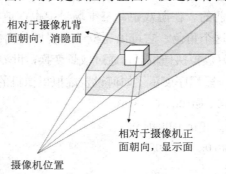

图1.6 多面体朝向与背面消隐原理

为了满足不同的要求,默认的消隐方式可以利用 SetRenderState()函数(该函数在后面的章节中会经常用到)设定,其原型如下:

```
HRESULT SetRenderState(
    D3DRENDERSTATETYPE State,
    DWORD              Value
);
```

各项参数解释如下:

- State:指定渲染类型,在枚举体 D3DRENDERSTATETYPE 中取值,此处我们取值为 D3DRS_CULLMODE。
- Value:这个值指定 State 参数对应的模式索引值。此处对应于 D3DRS_CULLMODE 有三个可能的取值,这三个取值来源于 D3DCULL 枚举体,见表1.1。

表 1.1　D3DRS_CULLMODE 模式的取值和含义

取 值	含 义
D3DCULL_NONE	不使用背面消隐
D3DCULL_CW	对顶点绕序为顺时针的面进行消隐
D3DCULL_CCW	对顶点绕序为逆时针的面进行消隐

5. 光照

为了模拟真实场景中物体逼真的显示效果,我们需要用到光源效果。光源是在世界坐标系中定义的,但是需要将其转换到观察坐标系中,达到照亮场景中物体的效果。

6. 裁剪

一个场景中的物体可能会有很多,但往往只需要渲染虚拟摄像机视野范围内的物体。虚拟摄像机使用远裁截面和近裁截面选定视野范围,称为视域体(frustum)。我们只让位于视域体内的物体显示在场景中,摄像机视野以外的物体会被裁剪掉。场景中的三维物体相对于摄像机有三种位置关系:

- 完全位于视域体内:这种情况下对物体的处理就是不裁剪。
- 部分在视域体内:将物体位于视域体外的那部分裁剪掉。
- 完全位于视域体外:全部裁剪掉,不显示。

裁剪的作用很大,不管场景中的物体有多少,计算机进行光照计算和渲染的时候只需要关心视域体内的物体,这样可以节省计算和渲染时间,同时还可以节省 CPU 资源。

7. 透视投影变换

将三维场景中的物体转换成二维平面图形的过程称为投影变换。投影变换的种类有很多,我们在 Direct3D 的绘制流水线中使用的是透视投影变换(Perspective Projection)。透视投影变换可以使视域体内的物体呈现出近大远小的效果,很好地模拟了物体在人眼中呈现的视觉效果。透视投影变换的过程是将位于视域体内的物体投影到投影窗口上,如图 1.7 所示。

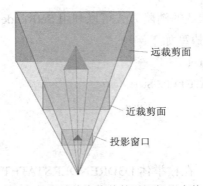

图 1.7 视域体内物体的透视投影变换

投影的一系列变换是通过一个投影变换矩阵与视域体内的物体的几何信息相乘实现的。Direct3D 提供了 D3DXMatrixPerspectiveFovLH()函数来计算这个投影变换矩阵，其函数原型如下：

```
D3DXMATRIX*     WINAPI D3DXMatrixPerspectiveFovLH(
D3DXMATRIX *    pOut,
FLOAT           fovy,
FLOAT           Aspect,
FLOAT           zn,
FLOAT           zf );
```

各项参数解释如下：
- pOut：计算得到的投影变换矩阵。
- fovy：虚拟摄像机在 Y 轴上的视角大小。
- Aspect：纵横比参数，其值等于视口的宽度除以视口的高度。
- zn：近裁剪面与摄像机的距离。
- zf：远裁剪面与摄像机的距离。

8．视口变换

视口是窗口中用来显示图形的一块矩形区域。在我们打开一个窗口后，窗口中可能包含很多视口，比如在游戏中，游戏场景和小地图都可以称为一个视口，如图 1.8 所示。

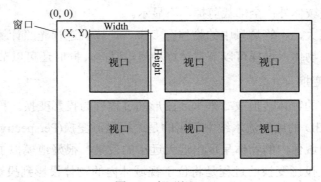

图 1.8 矩形视口

视口变换的作用是将投影变换后的投影结果转换到视口中。这一过程涉及坐标的平移和缩放，也需要一个矩阵来完成，该矩阵定义为

$$\begin{bmatrix} \dfrac{Width}{2} & 0 & 0 & 0 \\ 0 & -\dfrac{Height}{2} & 0 & 0 \\ 0 & 0 & MaxZ-MinZ & 0 \\ X+\dfrac{Width}{2} & Y+\dfrac{Height}{2} & MinZ & 1 \end{bmatrix} \quad (1.1)$$

式(1.1)中的参数在 Direct3D 中是通过 D3DVIEWPORT9 视口结构体进行赋值的，其原型如下：

```
typedef struct _D3DVIEWPORT9 {
    DWORD      X;
    DWORD      Y;
    DWORD      Width;
    DWORD      Height;
    float      MinZ;
    float      MaxZ;
} D3DVIEWPORT9;
```

各项参数解释如下：
- X、Y：定义视口相对于视口的起点坐标。
- Width、Height：视口的宽、高。
- MinZ：深度缓存的最小值，一般设为 0。
- MaxZ：深度缓存的最大值，一般设为 1。

填充完这个结构体后我们就可以调用 Direct3D 中的函数 SetViewport 来进行视口变换了。

9. 光栅化

在经过透视投影变换和视口变换后，我们可以将物体在窗口中显示出来。物体表面的基本组成单元为三角形，经过以上一系列变换后，三维物体表面便转化为一个二维三角形单元的列表。为将物体饱满地显示出来，我们需要对物体进行光栅化(Rasterization)处理，即将三角形内部的像素通过计算显示出来，最终将绘制结果以二维图像的方式显示出来。后面将阐述三角形颜色和纹理填充的若干方法。

1.3 面向对象的三维程序开发模块设计

为了方便程序的开发，增强代码的易读性，我们利用面向对象思想，设计了基于 D3D

的功能模块划分和相互调用的关系图,如图 1.9 所示。

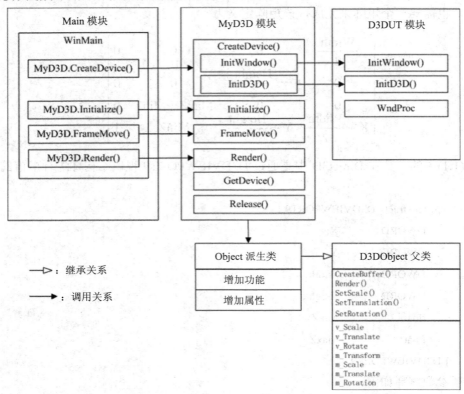

图 1.9 基于 D3D 的功能模块图

本书后续各章节的代码都是基于图 1.9 所示的模块划分图来实现的,此处先给出通用的模块代码和功能介绍。

1.3.1 D3DUT 模块

首先新建 D3DUT.h 和 D3DUT.cpp。在头文件 D3DUT.h 中,进行一些常用的窗口创建、D3D 设备初始化、Win32 消息处理函数声明等操作;在 D3DUT.cpp 文件中,对这些函数进行具体定义封装。D3D 应用开发的第一步就是创建一个窗体,并初始化 Direct3D 设备,我们将这两个操作封装在 D3DUT 模块中。

窗口创建和初始化 InitWindow()函数的声明和定义如下(全局变量 hwnd 为所要创建的窗体句柄):

```
HWND hwnd;
bool InitWindow(
    HINSTANCE   hInstance,
    int         width,
    int         height,
    bool        windowed)
```

```cpp
{
    WNDCLASS wc;

    wc.style = CS_HREDRAW | CS_VREDRAW;
    wc.lpfnWndProc = (WNDPROC)WndProc;
    wc.cbClsExtra = 0;
    wc.cbWndExtra = 0;
    wc.hInstance = hInstance;
    wc.hIcon = LoadIcon(0, IDI_APPLICATION);
    wc.hCursor = LoadCursor(0, IDC_ARROW);
    wc.hbrBackground = (HBRUSH)GetStockObject(WHITE_BRUSH);
    wc.lpszMenuName = 0;
    wc.lpszClassName = "Direct3D9App";

    if( !RegisterClass(&wc) )
    {
        MessageBox(0, "RegisterClass() - FAILED", 0, 0);
        return false;
    }

    hwnd = CreateWindow("Direct3D9App", "Direct3D9App", WS_OVERLAPPEDWINDOW,0, 0,
                width, height, 0, 0, hInstance, 0);

    if( !hwnd )
    {
        ::MessageBox(0, "CreateWindow() - FAILED", 0, 0);
        return false;
    }

    ShowWindow(hwnd, SW_SHOW);
    UpdateWindow(hwnd);
    return true;
}
```

InitD3D()函数的声明和定义如下：

```cpp
bool InitD3D(HINSTANCE hInstance,int width, int height,bool windowed, D3DDEVTYPE
        deviceType, IDirect3DDevice9** device)
{
    HRESULT    hr = 0;
```

```cpp
IDirect3D9*    d3d9 = 0;
d3d9 = Direct3DCreate9(D3D_SDK_VERSION);

if( !d3d9 )
{
    MessageBox(0, "Direct3DCreate9() - FAILED", 0, 0);
    return false;
}

D3DCAPS9 caps;
d3d9->GetDeviceCaps(D3DADAPTER_DEFAULT, deviceType, &caps);

int vp = 0;
if(D3DDEVCAPS_HWTRANSFORMANDLIGHT & caps.DevCaps )
    vp = D3DCREATE_HARDWARE_VERTEXPROCESSING;
else
    vp = D3DCREATE_SOFTWARE_VERTEXPROCESSING;

D3DPRESENT_PARAMETERS d3dpp;
d3dpp.BackBufferWidth = width;
d3dpp.BackBufferHeight = height;
d3dpp.BackBufferFormat = D3DFMT_A8R8G8B8;
d3dpp.BackBufferCount = 1;
d3dpp.MultiSampleType = D3DMULTISAMPLE_NONE;
d3dpp.MultiSampleQuality = 0;
d3dpp.SwapEffect = D3DSWAPEFFECT_DISCARD;
d3dpp.hDeviceWindow = hwnd;
d3dpp.Windowed = windowed;
d3dpp.EnableAutoDepthStencil = true;
d3dpp.AutoDepthStencilFormat = D3DFMT_D24S8;
d3dpp.Flags = 0;
d3dpp.FullScreen_RefreshRateInHz = D3DPRESENT_RATE_DEFAULT;
d3dpp.PresentationInterval = D3DPRESENT_INTERVAL_IMMEDIATE;
hr = d3d9->CreateDevice(D3DADAPTER_DEFAULT, deviceType, hwnd, vp,&d3dpp, device);

if( FAILED(hr) )
{
```

```
            d3dpp.AutoDepthStencilFormat = D3DFMT_D16;

    hr = d3d9->CreateDevice( D3DADAPTER_DEFAULT, deviceType, hwnd, vp, & d3dpp, device);

        if( FAILED(hr) )
        {
            d3d9->Release();
            MessageBox(0, "CreateDevice() - FAILED", 0, 0);
            return false;
        }
    }
    d3d9->Release();
    return true;
}
```

此外,由于在创建窗口过程中,需要指定窗口伴随的消息处理函数,因此,我们建议在 D3DUT 模块声明和定义窗口消息处理函数 WndProc(),代码如下(程序开发者可以根据需要更改该函数,进行一些窗口事件处理,如基本的鼠标和键盘处理函数可以在 MyD3D 模块的 FrameMove()函数中进行定义):

```
LRESULT CALLBACK WndProc(
    HWND        hwnd,
    UINT        msg,
    WPARAM      wParam,
    LPARAM lP   aram);
{
    switch( msg )
    {
    case WM_DESTROY:
        ::PostQuitMessage(0);
        break;
    case WM_KEYDOWN:
        if( wParam == VK_ESCAPE )
            ::DestroyWindow(hwnd);
        break;
    }
    return ::DefWindowProc(hwnd, msg, wParam, lParam);
}
```

1.3.2 MyD3D 模块

我们将通过类的封装，为每个应用封装单独的类，这样不但能增加程序的易读性，且常规功能在实现多种应用的过程中也不需要更改，实现了代码的复用。此外，在复杂的程序开发合作过程中，可以通过继承等方式，实现程序接口的统一完整性。

1．MyD3D 类的创建

此处创建一个 MyD3D 类，实现对 D3D 应用的开发。在主函数中声明一个 MyD3D 的类对象，通过调用该类提供的常用函数实现设备创建、应用初始化、应用过程循环、渲染、内存释放等功能。

下面是 MyD3D 类的头文件声明：

```
class MyD3D
{
    public:
        MyD3D();
        ~MyD3D();

        bool                CreateDevice(HINSTANCE* hInstance, int _width, int _height);
        bool                Initialize();
        void                FrameMove(float timeDelta);
        bool                Render();
        void                Release();
        IDirect3DDevice9*   getDevice();

    protected:

    private:
        IDirect3DDevice9*   p_Device;
        D3DXMATRIX          m_y;
        float               f_rot_y;
        ID3DXMesh*          Teapot;
        int                 d_width;
        int                 d_height;
};
```

2．MyD3D 类成员函数

游戏应用中常用的成员函数包括 D3D 设备创建、游戏初始化、游戏过程、三维渲染、内存释放等。

1) CreateDevice()函数

CreateDevice()函数的功能是调用 D3DUT 中的 InitD3D()函数进行窗体的创建和 D3D 设备初始化，目的是得到 Direct3D 设备接口，方便在该类中使用。下面是该函数的具体定义：

```cpp
bool MyD3D::CreateDevice(HINSTANCE hInstance, int _width, int _height)
{
    d_width = _width;
    d_height = _height;
    if(!InitWindow(hInstance, _width, _height, true))
    {
        MessageBox(0, "InitD3D() - FAILED", 0, 0);
        return 0;
    }
    if(!InitD3D(hInstance, _width, _height, true, D3DDEVTYPE_HAL, &p_Device))
    {
        MessageBox(0, "InitD3D() - FAILED", 0, 0);
        return 0;
    }
    return true;
}
```

2) Initialize()函数

Initialize()函数的功能是进行一些常规的初始化，比如设置摄像机的位置，进行取景变换和投影变换，设置灯光，初始化数据等。Initialize()函数的具体定义如下：

```cpp
bool MyD3D::Initialize()
{
    D3DXVECTOR3   position(0.0f, 0.0f, -3.0f);
    D3DXVECTOR3   target(0.0f, 0.0f, 0.0f);
    D3DXVECTOR3   up(0.0f, 1.0f, 0.0f);
    D3DXMATRIX    V;
    D3DXMatrixLookAtLH(&V, &position, &target, &up);
    p_Device->SetTransform(D3DTS_VIEW, &V);

    D3DXMATRIX proj;
    D3DXMatrixPerspectiveFovLH(&proj,D3DX_PI*0.5f,(float)d_width/(float)d_height,1.0f,1000.0f);
        p_Device->SetTransform(D3DTS_PROJECTION, &proj);
```

```
    return true;
}
```

3) FrameMove()函数

FrameMove()函数的功能是逻辑处理,这个处理过程在实际开发中通常是独立于渲染过程的,以增加程序可读性。值得注意的是,FrameMove()函数中的参数 timeDelta 代表了两次调用 FrameMove()函数之间的时间间隔(单位为毫秒),这样,我们就可以在 FrameMove()函数中利用 timeDelta 做任何关于定时的操作了。

本书中所涉及的键盘输入操作均在 FrameMove()函数中执行,通过调用处理键盘输入事件方法 GetAsyncKeyState(),可以轻松地得知某一键是否被按下。例如,想得知"W"键是否被按下,可以通过下面代码实现:

```
if(GetAsyncKeyState('W') & 0x8000f)
{
    //执行相应操作
}
```

4) Render()函数

Render()函数的作用是渲染场景,比如模型的绘制、动画的播放等。以下是该函数的具体定义:

```
bool MyD3D::Render()
{
    if( p_Device )
    {
        p_Device->Clear(0, 0, D3DCLEAR_TARGET | D3DCLEAR_ZBUFFER, 0xffffffff, 1.0f, 0);

        p_Device->BeginScene();
        //绘制
        p_Device->Present(0, 0, 0, 0);
    }
    return true;
}
```

5) Release()函数

Release()函数的作用是执行程序在结束前的处理工作,主要是释放内存。

1.3.3 主文件

因为应用程序的大部分功能都已经在其他文件中做好,因此在定义了一个 MyD3D 类对象后,调用其功能函数即可。基于此,通常主函数代码在不同的应用中尽量不做大的更改,以实现代码的统一性。当利用封装好的程序编写自己的程序时,只需要对 MyD3D 类及其函数进行修改、使用或继承即可。

下面是主函数所在文件的代码：

```cpp
#include "MyD3D.h"

IDirect3DDevice9*    Device = 0;
MyD3D                _device;

int WINAPI WinMain(HINSTANCE hinstance, HINSTANCE prevInstance, PSTR cmdLine,
                   int showCmd)
{
    if(!_device.CreateDevice(hinstance, 640, 480))
    {
        MessageBox(0, "InitD3D() - FAILED", 0, 0);
        return 0;
    }

    if(!_device.Initialize())
    {
        MessageBox(0, "Setup() - FAILED", 0, 0);
        return 0;
    }

    MSG msg;
    memset(&msg, 0, sizeof(MSG));
    static float lastTime = (float)timeGetTime();
    while(msg.message != WM_QUIT)
    {
        if(PeekMessage(&msg, 0, 0, 0, PM_REMOVE))
        {
            TranslateMessage(&msg);
            DispatchMessage(&msg);
        }
        else
        {
            float currTime = (float)timeGetTime();
            float timeDelta = (currTime - lastTime)*0.001f;

            _device.FrameMove(timeDelta);
```

```
            _device.Render();
            lastTime = currTime;
        }
    }
    _device.Release();
    return 0;
}
```

上面这段代码的作用是：在当前应用程序的消息队列中有消息要处理时，就将消息翻译并分发出去；在没有消息要处理时，就执行下面的 FrameMove()和 Render()函数。

第 2 章　基本空间变换

三维游戏编程所涉及的基本空间变换，包括平移、旋转、缩放，均是利用矩阵与三维点的齐次坐标相乘实现的。本章主要介绍基本的几何变换原理以及 D3D 提供的矩阵模型和程序实现方法。

2.1　三维向量

三维向量在几何空间内常用于表示三维坐标和方向。D3D 提供了 **D3DXVECTOR3** 类，该类对向量的"+"、"-"、"*"、"/"、"=="、"!="等运算符进行了重载，增加了基本的向量运算对应的加、减、乘、除、相等和不相等判断的函数接口。以下代码是对 **D3DXVECTOR3** 类的声明(结构体是一个特殊的类，它的成员均为公有，因此我们可以直接通过该类的所有成员函数和属性直接调用)：

```
typedef struct D3DXVECTOR3 :publicD3DVECTOR
{
public:
    D3DXVECTOR3() {};
    D3DXVECTOR3( CONST FLOAT* );
    D3DXVECTOR3( CONST D3DVECTOR& );
    D3DXVECTOR3( CONST D3DXFLOAT16* );
    D3DXVECTOR3( FLOAT x, FLOAT y, FLOAT z );

operator FLOAT* ();
operator CONST FLOAT* () const;

    D3DXVECTOR3&operator += ( CONST D3DXVECTOR3& );
    D3DXVECTOR3&operator -= ( CONST D3DXVECTOR3& );
    D3DXVECTOR3&operator *= ( FLOAT );
    D3DXVECTOR3&operator /= ( FLOAT );
```

```
D3DXVECTOR3 operator + () const;
D3DXVECTOR3 operator - () const;

D3DXVECTOR3 operator + ( CONST D3DXVECTOR3& ) const;
D3DXVECTOR3 operator - ( CONST D3DXVECTOR3& ) const;
D3DXVECTOR3 operator * ( FLOAT ) const;
D3DXVECTOR3 operator / ( FLOAT ) const;

friend D3DXVECTOR3 operator * ( FLOAT, CONST struct D3DXVECTOR3& );

BOOL operator == ( CONST D3DXVECTOR3& ) const;
BOOL operator != ( CONST D3DXVECTOR3& ) const;

} D3DXVECTOR3, *LPD3DXVECTOR3;
```

2.2 空间变换矩阵

在图形学中，空间变换通常是利用奇次坐标与矩阵相乘实现的，矩阵的相乘是在三维编程中最为重要的方法。

2.2.1 D3DXMATRIX 矩阵定义

齐次坐标对于空间的表达和转换有着充分的理论依据，对应于齐次向量的空间转换矩阵需要 4×4 个参数。D3D 中提供了 D3DXMATRIX 矩阵类，它通过对各种运算符的重载定义了矩阵的基本运算。D3DXMATRIX 类的定义如下：

```
typedef struct D3DXMATRIX : public D3DMATRIX
{
public:
    D3DXMATRIX() {};
    D3DXMATRIX( CONST FLOAT * );
    D3DXMATRIX( CONST D3DMATRIX& );
    D3DXMATRIX( CONST D3DXFLOAT16 * );
    D3DXMATRIX( FLOAT _11, FLOAT _12, FLOAT _13, FLOAT _14,
                FLOAT _21, FLOAT _22, FLOAT _23, FLOAT _24,
                FLOAT _31, FLOAT _32, FLOAT _33, FLOAT _34,
                FLOAT _41, FLOAT _42, FLOAT _43, FLOAT _44 );

    FLOAT&operator () ( UINT Row, UINT Col );
```

```
    FLOAT    operator () ( UINT Row, UINT Col ) const;

operator FLOAT* ();
operator CONST FLOAT* () const;

    D3DXMATRIX&operator *= ( CONST D3DXMATRIX& );
    D3DXMATRIX&operator += ( CONST D3DXMATRIX& );
    D3DXMATRIX&operator -= ( CONST D3DXMATRIX& );
    D3DXMATRIX&operator *= ( FLOAT );
    D3DXMATRIX&operator /= ( FLOAT );

    D3DXMATRIX operator + () const;
    D3DXMATRIX operator - () const;

    D3DXMATRIX operator * ( CONST D3DXMATRIX& ) const;
    D3DXMATRIX operator + ( CONST D3DXMATRIX& ) const;
    D3DXMATRIX operator - ( CONST D3DXMATRIX& ) const;
    D3DXMATRIX operator * ( FLOAT ) const;
    D3DXMATRIX operator / ( FLOAT ) const;

    friend D3DXMATRIX operator * ( FLOAT, CONST D3DXMATRIX& );

    BOOL operator == ( CONST D3DXMATRIX& ) const;
    BOOL operator != ( CONST D3DXMATRIX& ) const;

} D3DXMATRIX, *LPD3DXMATRIX;
```

2.2.2 空间变换矩阵

1. 平移矩阵

三维点的平移包括沿 X、Y、Z 轴方向的平移，为此，我们定义了如式(2.1)所示的平移矩阵：

$$\mathbf{T}(t_X, t_Y, t_Z) = \begin{bmatrix} 1 & 0 & 0 & 0 \\ 0 & 1 & 0 & 0 \\ 0 & 0 & 1 & 0 \\ t_X & t_Y & t_Z & 1 \end{bmatrix} \tag{2.1}$$

要将三维点(x, y, z, 1)分别沿 X、Y、Z 轴平移 t_X、t_Y、t_Z，可通过将三维点(x, y, z, 1)与平移矩阵 $\mathbf{T}(t_X, t_Y, t_Z)$ 相乘实现。三维向量(x, y, z, 0)与 $\mathbf{T}(t_X, t_Y, t_Z)$ 平移矩阵相乘的结果是：向量无变化。

D3D 提供了平移矩阵转化函数 D3DXMatrixTranslation()，该函数定义如下：

D3DXMATRIX* WINAPI D3DXMatrixTranslation
(D3DXMATRIX* pOut, FLOAT x, FLOAT y, FLOAT z);

其中，x 表示沿 X 轴移动 x 个单位；y 表示沿 Y 轴移动 y 个单位；z 表示沿 Z 轴移动 z 个单位；pOut 为平移后的结果矩阵指针。

2. 缩放矩阵

三维向量的缩放包括沿 X、Y、Z 轴方向的缩放，为此，我们定义了如下的缩放矩阵：

$$\mathbf{S}(s_X, s_Y, s_Z) = \begin{bmatrix} s_X & 0 & 0 & 0 \\ 0 & s_Y & 0 & 0 \\ 0 & 0 & s_Z & 0 \\ 0 & 0 & 0 & 1 \end{bmatrix} \quad (2.2)$$

要将三维点(x, y, z, 1)或向量(x, y, z, 0) 分别沿 X、Y、Z 轴缩放 s_X、s_Y、s_Z，可通过与平移矩阵 $\mathbf{S}(s_X, s_Y, s_Z)$ 相乘实现。

D3D 提供了缩放矩阵函数 D3DXMatrixScaling()，该函数定义如下：

D3DXMATRIX* WINAPI D3DXMatrixScaling
(D3DXMATRIX* pOut, FLOAT sx, FLOAT sy, FLOAT sz);

其中，sx、sy、sz 分别表示在 X、Y、Z 轴方向放大 sx、sy、sz 倍；pOut 为缩放后的结果矩阵指针。

3. 旋转矩阵

常用的旋转矩阵可以分为绕 X、Y、Z 轴的单独旋转矩阵，绕 X、Y、Z 轴的组合旋转矩阵以及绕任意轴的旋转矩阵。

三维点的旋转包括沿 X、Y、Z 轴的旋转，为此，我们为其分别定义了旋转矩阵 $\mathbf{R}_X(\alpha)$、$\mathbf{R}_Y(\beta)$、$\mathbf{R}_Z(\gamma)$：

$$\mathbf{R}_X(\alpha) = \begin{bmatrix} 1 & 0 & 0 & 0 \\ 0 & \cos\alpha & \sin\alpha & 0 \\ 0 & -\sin\alpha & \cos\alpha & 0 \\ 0 & 0 & 0 & 1 \end{bmatrix} \quad (2.3)$$

$$\mathbf{R}_Y(\beta) = \begin{bmatrix} \cos\beta & 0 & -\sin\beta & 0 \\ 0 & 1 & 0 & 0 \\ \sin\beta & 0 & \cos\beta & 0 \\ 0 & 0 & 0 & 1 \end{bmatrix} \quad (2.4)$$

$$\mathbf{R}_Z(\gamma) = \begin{bmatrix} \cos\gamma & \sin\gamma & 0 & 0 \\ -\sin\gamma & \cos\gamma & 0 & 0 \\ 0 & 0 & 1 & 0 \\ 0 & 0 & 0 & 1 \end{bmatrix} \quad (2.5)$$

其中，α、β、γ 分别为沿 X、Y、Z 轴的旋转分量，也可以称为俯仰量(pitch)、偏航量(yaw)、翻滚量(roll)。通过三维点(x, y, z, 1)与这些旋转矩阵的乘法操作，即可实现三维点在各个坐标轴上的旋转。

D3D 提供了旋转矩阵转化函数 D3DXMatrixRotationX()、D3DXMatrixRotationY()、D3DXMatrixRotationZ()，分别用于实现绕 X、Y、Z 轴旋转一定角度的矩阵转化。

这些函数的定义如下：

D3DXMATRIX* WINAPI D3DXMatrixRotationX(D3DXMATRIX* pOut, FLOAT Angle);

D3DXMATRIX* WINAPI D3DXMatrixRotationY (D3DXMATRIX* pOut, FLOAT Angle);

D3DXMATRIX* WINAPI D3DXMatrixRotationZ (D3DXMATRIX* pOut, FLOAT Angle);

其中，pOut 为平移后的结果矩阵指针；Angle 为旋转弧度。

若要实现绕 X、Y、Z 轴的组合旋转，可以利用后面将要学习的矩阵组合变换的方法，将三轴的旋转矩阵进行乘法操作，获得绕三轴旋转后的矩阵转化。D3D 提供了 D3DXMatrixRotationYawPitchRoll()函数，功能是实现三轴的组合旋转矩阵转化，定义如下：

D3DXMATRIX* WINAPI D3DXMatrixRotationYawPitchRoll

(D3DXMATRIX* pOut, FLOAT Yaw, FLOAT Pitch, FLOAT Roll);

其中，Yaw 为绕 Y 轴的旋转值；Pitch 为绕 X 轴的旋转值；Roll 为绕 Z 轴的旋转值。

4．绕任意轴的旋转矩阵

三维编程中，经常会遇到以任意向量为旋转轴的旋转问题，如虚拟摄像机视觉旋转。绕任意轴旋转矩阵的获取方法有很多，此处只介绍其中一种。本方法的主要依据：通过空间变换，使旋转轴向量 $\mathbf{V}_{axis}$(u, v, w)与 Z 轴重合，三维点 p 通过变换后绕 Y 轴旋转 θ 度，再旋转回旋转轴方向，从而获得绕任意向量的旋转，如图 2.1 所示。

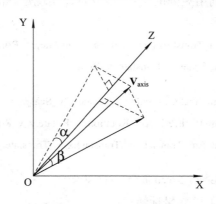

图 2.1 以任意向量为轴的旋转矩阵的推导

该方法的具体过程为：首先执行 $\mathbf{V}_{axis}$ 在 XOZ 平面的投影操作，即将 $\mathbf{V}_{axis}$ 绕 X 轴旋转 α 度，再执行 Z 轴投影操作，即将 XOZ 平面投影结果绕 Y 轴旋转 β 度，使其投影至 Z 轴。经过绕 Z 旋转 θ 度后，将所得矩阵进行以上两步投影逆变换操作，得出绕任意向量的旋转矩阵 $\mathbf{R}(\mathbf{V}_{axis})$：

$$R(V_{axis}) = R_X(-\alpha)R_Y(\beta)R_Z(\theta)R_Y(-\beta)R_X(\alpha)$$

$$= \begin{bmatrix} u^2(1-\cos\theta)+\cos\theta & uv(1-\cos\theta)+w\sin\theta & uw(1-\cos\theta)-v\sin\theta & 0 \\ uv(1-\cos\theta)-w\sin\theta & v^2(1-\cos\theta)+\cos\theta & vw(1-\cos\theta)-u\sin\theta & 0 \\ uw(1-\cos\theta)+v\sin\theta & vw(1-\cos\theta)+u\sin\theta & w^2(1-\cos\theta)+\cos\theta & 0 \\ 0 & 0 & 0 & 1 \end{bmatrix} \quad (2.6)$$

D3D 提供了沿任意轴旋转的矩阵转化函数 D3DXMatrixRotationAxis()，定义如下：

```
D3DXMATRIX*  WINAPI  D3DXMatrixRotationAxis(
    D3DXMATRIX* pOut,
    CONST D3DXVECTOR3* pV,
    FLOAT Angle );
```

其中，pOut 为所获得的旋转矩阵；pV 为旋转轴的三维向量；Angle 为旋转弧度。

5．矩阵组合变换

三维空间中复杂的空间变换，可以利用平移、旋转、缩放的组合实现。对于奇次坐标的矩阵变换，我们只需依次将这些矩阵与物体当前空间变换矩阵做点积计算，即可计算出最终形态的空间变换矩阵。

例如三维游戏中物体的空间移动，通常是先利用缩放矩阵缩放到适合的大小，再利用旋转矩阵旋转到一定角度，最后利用平移矩阵放置到所在空间位置，其空间变换矩阵可表示为

$$M = SR_XR_YR_ZT \quad (2.7)$$

可见，在对三维向量或点进行组合变换时，只需将其与最终变换矩阵 **M** 进行乘积运算即可。

在 D3D 中，我们可以利用矩阵的"*"运算符，实现矩阵的乘积运算，式(2.7)可以利用以下代码实现：

```
D3DXMATRIX      m_Transform, m_Scale, m_Translate, m_Rotation;
D3DXVECTOR3     v_Scale, v_Translate, v_Rotate;

D3DXMatrixScaling(&m_Scale, v_Scale.x, v_Scale.y, v_Scale.z);
D3DXMatrixRotationYawPitchRoll(&m_Rotation, v_Rotate.y, v_Rotate.x, v_Rotate.z);
D3DXMatrixTranslation(&m_Translate, v_Translate.x, v_Translate.y, v_Translate.z);

m_Transform = m_Scale * m_Rotation * m_Translate;
```

其中，矩阵 m_Transform 用于世界坐标转换。

6．反向运动矩阵变换

物体的运动可以视为局部与全局相结合的空间变换，如人手部的全局空间变换依赖于其局部的空间变换与手臂的空间变换。因此，基于逆向运动学(Inverse Kinematics)原理，可以实现局部空间到全局坐标的变换计算。

我们可以将复杂的物体活动划分为多节点的层次结构模型，它定义了父对象和子对象之间的关系，每个子节点的运动受控于其父节点，如图 2.2 所示。若子节点的空间变换矩阵为 $\mathbf{M}_{child}$，父节点的空间变换矩阵为 $\mathbf{M}_{parent}$，则子节点在父节点所在空间的变换矩阵为

$$\mathbf{M}_{global} = \mathbf{M}_{child}\mathbf{M}_{parent} \tag{2.8}$$

如果一个父节点有多个变换矩阵，我们就将这些矩阵逐级相乘。假设一个子节点之上有 n 个父节点，对应 n 个变换矩阵，则该子节点的全局空间变换矩阵为

$$\mathbf{M}_{global} = \mathbf{M}_{child}\mathbf{M}_{parent(n)}\mathbf{M}_{parent(n-1)}\cdots\mathbf{M}_{parent(1)} \tag{2.9}$$

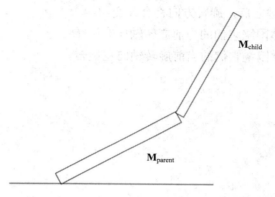

图 2.2　基于逆向运动学的空间变换矩阵计算过程

习　　题

1．尝试使用 D3DXCreateSphere()函数创建小球，如图 2.3 所示，模拟太阳、地球、月亮的运动。

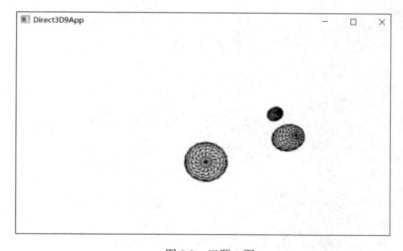

图 2.3　习题 1 图

2．分别用 D3DXCreateTorus()、D3DXCreateTeapot()、D3DXCreateSphere()、D3DXCreateCylinder()、D3DXCreateBox()函数创建圆环、茶壶、小球、柱体、正方体，并根据键盘事件完成以下功能：

(1) 将所有物体放置到一条直线上。

(2) 当按下 X、Y 或 Z 键之后，物体将会旋转。

  X：所有物体在它们的位置上围绕 X 轴旋转；

  Y：所有物体在它们的位置上围绕 Y 轴旋转；

  Z：所有物体在它们的位置上围绕 Z 轴旋转。

(3) 当按下 R 或 L 键之后，旋转方向将会改变。

  R：所有的物体围绕它们的当前旋转轴向右旋转；

  L：所有的物体围绕它们的当前旋转轴向左旋转。

第 3 章 Direct3D 的绘制方法

本章将介绍三维模型的顶点、索引、纹理等缓存的创建和渲染,以及如何结合这些缓存以点、线、面等形式渲染三维模型。

3.1 三维图形绘制

三维模型的绘制均以三角形为基本单元,三角形又由顶点构成。本节主要讲解基于顶点缓存和索引缓存的两种图形绘制方法。

3.1.1 基于顶点缓存的图形绘制

最基本的三维顶点有 x、y、z 三个浮点型分量,因此我们定义了 Vertex 结构体,代码如下:

```
struct Vertex
{
    Vertex(){ }
    Vertex(float x, float y, float z)
    {
        _x = x;   _y = y;   _z = z;
    }
    float _x, _y, _z;
};
```

为在内存中加载几何体的顶点信息,我们开辟一个存放顶点数据的连续的内存空间,称为顶点缓存。在 D3D 程序中,用 IDirect3DVertexBuffer9 定义顶点缓存接口。为顶点缓存分配内存的空间函数为 CreateVertexBuffer(),其定义如下:

```
HRESULT IDirect3DDevice9::CreateVertexBuffer(
    UINT                Length,
    DWORD               Usage,
    DWORD               FVF,
```

```
       D3DPOOL                    Pool,
       IDirectVertexBuffer9**     ppVertexBuffer,
       HANDLE                     pHandle
       );
```

该函数的参数说明如下：
- **Length**：表示所要创建缓存的容量大小。
- **Usage**：指定所开辟的顶点缓存区的使用方法，取值为 0 时，表示没有标记，也可以是一个或多个参数的组合。以下是一些常用的参数：
  - ➢ D3DUSAGE_DONOTCLIP：顶点缓存不进行裁剪。
  - ➢ D3DUSAGE_DYNMIC：使用动态缓存，放置在 AGP(Accelerated Graphics Port)内存。
  - ➢ D3DUSAGE_POINTS：规定顶点缓存用于绘制点。
  - ➢ D3DUSAGE_SOFTWAREPROCESSING：选择使用软件还是硬件进行顶点计算。
  - ➢ D3DUSAGE_WRITEONLY：将顶点缓存设定为只写属性，将其放在最适合只写操作的内存地址中，从而提高系统性能。
- **FVF**：指定顶点的格式(自由顶点格式)，根据顶点的内存结构，区分三维顶点、颜色顶点、纹理顶点等。
- **Pool**：表示容纳缓存的内存池的种类，由 D3DPOOL 枚举类型的一个值指定。以下是一些比较常用的参数取值和作用：
  - ➢ D3D3POOL_DEFAULT：默认值，资源被存储在最适合资源访问的内存中，包括显存、系统内存和 AGP 内存。通常选择显存，适用于高频更新访问的应用，如火焰、流体等粒子系统。
  - ➢ D3D3POOL_MANAGED：由 D3D 管理，资源会在系统内存中备份一份，渲染过程中，会自动拷贝到 AGP 内存、显存中进行渲染。所以在设备丢失时，无需重建资源。适用于需要交替渲染的大量内存资源。
  - ➢ D3DPOOL_SYSTEMMEM：资源存储于系统内存中。渲染效率较差，但 CPU 访问效率很高。适用于非渲染数据的管理。
- **ppVertexBuffer**：返回所创建顶点缓冲区的指针。
- **pSharedHandle**：保留参数，值设为 NULL。

下面的代码创建了 3 个只有三维坐标信息的顶点：

```
       _device->CreateVertexBuffer(
           3 *sizeof(Vertex),
           D3DUSAGE_WRITEONLY,
           D3DFVF_XYZ,
           D3DPOOL_MANAGED,
           &_vb,
           0);
```

其中，顶点缓冲区属性 D3DUSAGE_WRITEONLY 表示该所创建的缓冲区的操作模式为"只写"；D3DFVF_XYZ 表示顶点格式为 XYZ 三维坐标；内存池类型 D3DPOOL_MANAGED 表示由 Direct3D 管理器依照系统设备的性能，在显存或内存中创建缓存；指针_vb 用于接收创建的顶点。

为了访问缓存中的数据，我们需要使用 Lock()方法获得指向缓存内部存储区的指针。在访问完毕之后，须利用 Unlock()方法对缓存进行解锁。锁定缓存函数如下：

```
HRESULT IDirect3DVertexBuffer9::Lock(
UINT        OffsetToLock,
UINT        SizeToLock,
BYTE**      ppbData,
DWORD       Flags
);
```

该函数的参数说明如下：
- OffsetToLock：表示从缓存起点到开始锁定的位置的偏移量，以字节为单位。
- SizeToLock：表示要锁定的字节数。OffsetToLock 和 SizeToLock 两个值都为 0 的时候表示锁定整段缓存。
- ppbData：表示指向被锁定的缓存区域的起点位置的指针。
- Flags：表示锁定方式。可以是 0，也可以是以下的一个或多个参数组合：
  ➢ D3DLOCK_DISCARD：应用于动态缓存，利用该参数锁定缓存时，将丢弃锁定区域内的所有内存。在修改数据时，能使用原来的数据进行渲染；在解锁后，用新的缓存进行渲染。
  ➢ D3DLOCK_NOOVERWRITE：应用于动态缓存，利用该参数锁定缓存时，内存不能被更改，只可以在尾部以追加方式写入数据。因而，在渲染过程中数据的追加不会终止渲染过程。
  ➢ D3DLOCK_READONLY：利用该参数锁定缓存时，内存只可读不可写，可以提高解锁操作的时间效率。

在创建了 3 个顶点缓存后，我们利用 Lock()方法，为其写入如图 3.1 所示的三角形的三个顶点。具体代码如下：

```
Vertex* v;
_vb->Lock(0, 0, (void**)&v, 0);

v[0] = Vertex(-0.5f, -0.5f, 0.0f);
v[1] = Vertex( 0.5f, -0.5f, 0.0f);
v[2] = Vertex( 0.0f, 0.5f, 0.0f);

_vb->Unlock();
```

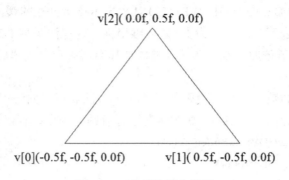

图 3.1　三角形的顶点设置

在 Lock()函数中，将 OffsetToLock 和 SizeToLock 的值都设为 0，表示锁定整个缓存区域。顶点缓存指针 v 指向该缓存区域的起点位置，锁定方式值设为 0。然后，利用指针 v 对其进行内存的访问，并修改各个顶点的坐标。在完成顶点赋值操作后，还要利用 Unlock() 进行解锁操作，让其他操作也可以访问该缓存区域。

在三维物体渲染过程中，D3D 提供了 SetStreamSource()方法，将几何体的顶点缓存绑定到一个设备数据流，使其与渲染流水线建立互相关联的关系。该函数的定义如下：

```
HRESULT IDirect3DDevice9::SetStreamSource(
    UINT                    StreamNumber,
    IDirect3DVertexBuffer9* pStreamData,
    UINT                    OffsetInBytes,
    UINT                    Stride
);
```

该函数的参数说明如下：
- StreamNumber：与缓存建立连接的数据流数目，常设置为 0。
- pStreamData：指定需要渲染的顶点缓存指针。
- OffsetInBytes：数据流中的偏移量，以字节为单位，常设置为 0。
- Stride：顶点缓存中顶点结构体的大小，以字节为单位。

我们可以利用以下语句设置上文生成的顶点缓存：

```
_device->SetStreamSource(0, _vb, 0, sizeof(Vertex));
```

其中，指针_vb 作为渲染数据流输入源；顶点元素的大小可表达为 sizeof(Vertex)。

后面会学习用 D3D 支持多种顶点格式，如有颜色信息的顶点、有纹理信息的顶点、有法向量的顶点等。在渲染之前，需要通过 SetFVF()函数制定顶点的格式，其声明如下：

```
HRESULT SetFVF( DWORD FVF );
```

顶点的绘制方法中，我们只需选用支持三维坐标的顶点格式，因此设置顶点格式为

```
_device->SetFVF(D3DFVF_XYZ);
```

在完成上述绘制准备设置后，我们可以利用 DrawPrimitive()函数绘制以顶点为单元的多种图元，包括点、线、面等。该函数的定义为

```
HRESULT IDirect3DDevice9::DrawPrimitive(
    D3DPRIMITIVETYPE    PrimitiveType,
    UINT                StartVertex,
    UINT                PrimitiveCount
);
```

该函数的参数说明如下：

- PrimitiveType：绘制图元的种类，是 D3DPRIMITIVETYPE 枚举类型中的一个值。常用的取值有三种：D3DPT_POINTLIST、D3DPT_LINELIST、D3DPT_TRIANGLELIST，分别表示绘制点、线、三角形列表。
- StartVertex：指定顶点缓存中读取顶点的起始位置。
- PrimitiveCount：要绘制图元的数量。

在设定好 3 个顶点缓存后，我们利用如下代码绘制这些顶点所决定的三角形图元：

```
_device->DrawPrimitive( D3DPT_TRIANGLELIST, 0, 1);
```

该代码中，DrawPrimitive()函数的 PrimitiveType 属性设置为 D3DPT_TRIANGLELIST，代表绘制单元为三角形；参数 0 和 1 表示从第 0 个顶点开始绘制，一共绘制 1 个三角形。

3.1.2 基于索引缓存的图形绘制

当两个或两个以上的三角形具有共同顶点时，我们创建必要数量的顶点数，再根据每个顶点所在三角形的绘制顺序，创建对应的索引。在绘制图形时，按照顶点的索引顺序，三个索引为一组，利用索引对应的顶点绘制一个三角形。

如图 3.2 所示，一个四边形需要设置 4 个顶点 v[0]～v[3]，左下角的三角形绘制顶点的顺序为 v[0]、v[2]、v[1]，因此对应的索引为 i[0] = 0，i[1] = 2，i[2] = 1。右上角的三角形的顶点对应的索引为 i[3] = 2，i[4] = 3，i[5] = 1。

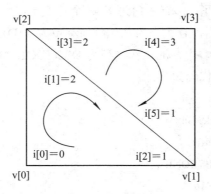

图 3.2 基于顶点索引的绘制方法

顶点索引的起点可以更改，不会引起绘制图形的差别。按照左手或右手定则，顶点索引的顺序决定了平面的朝向，因此顺序改变后，在设置背面消隐渲染状态时，会使得朝屏幕向内的三角形不可见。

索引缓存区是一块用来保存索引信息的连续内存区域，在 Direct3D 中用 IDirect3DIndexBuffer9 接口来表示，并利用 CreateIndexBuffer()函数创建索引缓存，该函数定义如下：

```
HRESULT IDirect3DDevice9::CreateIndexBuffer(
    UINT                    Length,
    DWORD                   Usage,
    D3DFORMAT               Format,
    D3DPOOL                 Pool,
    IDirect3DIndexBuffer9** ppIndexBuffer,
    HANDLE*                 pSharedHandle
);
```

该函数的功能是创建三角形绘制的顶点索引，索引类型为 16 或 32 位的整数，与由 3 个浮点型组成的三维顶点相比，占用内存较少。

该函数的参数说明如下：

• Length：创建的缓存内存大小，通常取值为索引个数乘以索引的单位大小。

• Usage：指定所开辟的索引缓存区的使用方法，和 3.1.1 节创建顶点缓冲区 CreateVertexBuffer()的 Usage 使用方法一致。

• Format：索引缓存的格式，可以选择 16 位整型 D3DFMT_INDEX16，或者 32 位整型 D3DFMT_INDEX32。

• Pool：容纳缓存的内存池，和 3.1.1 节创建顶点缓存区 CreateVertexBuffer()的 Pool 使用方法一致。

• ppIndexBuffer：接收所创建的顶点的指针。

• pSharedHandle：保留参数，值设为 NULL。

图 3.2 的四边形包含了 2 个三角形，每个三角形有 3 个索引值，索引大小为 sizeof(WORD)，因此开辟索引内存大小为 2 * 3 * sizeof(WORD)，索引缓存的操作模式为"只写"，索引类型为 16 位整型，内存池操作类型为 D3DPOOL_MANAGED，指针_ib 用于接收创建的索引。具体的创建代码如下：

```
IDirect3DIndexBuffer9*  _ib;
hr = _device->CreateIndexBuffer(
    2 * 3 * sizeof(WORD),
    D3DUSAGE_WRITEONLY,
    D3DFMT_INDEX16,
    D3DPOOL_MANAGED,
    &_ib,
    0);
```

为了访问索引缓存中的数据，我们也使用 Lock()方法获得指向缓存内部存储区的指针。

在创建索引缓存后,我们将图 3.2 的索引值写入其缓存,相关代码如下:

```
WORD*  i = 0;
_ib->Lock(0, 0, (void**)&i, 0);

i[0] = 0;   i[1] = 2;   i[2] = 1;
i[3] = 2;   i[4] = 3;   i[5] = 1;

_ib->Unlock();
```

在绘制顶点索引缓存时,首先要设置顶点数据输入源、顶点格式以及渲染状态,这些和基于顶点缓存的绘制方法一样。此外,在绘制前还需设置索引缓存输入源。

D3D 提供了 SetIndices()函数指定索引缓存输入源,其声明如下:

```
HRESULT SetIndices(
        IDirect3DIndexBuffer9*    pIndexData
);
```

在该函数中,pIndexData 参数为索引缓存数据的指针。

利用该函数,我们指定上文中生成的索引缓存指针_ib 为绘制的索引输入源,相关代码如下:

```
_device->SetIndices(_ib);
```

在顶点和索引缓存数据源设置完成后,我们可以利用 DrawIndexedPrimitive()函数绘制以顶点索引为单元的多种图元。该函数的定义为

```
HRESULT IDirect3DDevice9::DrawIndexedPrimitive(
        D3DPRIMITIVETYPE    Type,
        INT                 BaseVertexIndex,
        UINT                MinVertexIndex,
        UINT                NumVertices,
        UINT                StartIndex,
        UINT                PrimitiveCount
);
```

该函数的参数说明如下:

- Type:绘制图元的种类,是 D3DPRIMITIVETYPE 枚举类型中的一个值,和 3.1.1 节的图元类型使用方法一样。
- BaseVertexIndex:从顶点缓存中读取第一个顶点的偏移量。
- MinVertexIndex:本次绘制时从 BaseVertexIndex 开始算,绘制的最小顶点索引。
- NumVertices:本次绘制时所使用的顶点数量。
- StartIndex:索引缓存中的起始索引。
- PrimitiveCount:要绘制的图元数量。

下面的代码用于绘制图 3.2 中的 6 个索引:

```
_device->DrawIndexedPrimitive( D3DPT_TRIANGLELIST, 0, 0, 4, 0, 2);
```
此代码表示从第 0 个顶点和第 0 个索引开始，4 个顶点用于绘制四边形所属的 2 个三角形。

3.2 自由顶点格式

在 Direct3D 中不仅仅包含了空间信息，还有其他的附加属性，如颜色、纹理坐标、法线等。上文所涉及的顶点只有 x、y、z 坐标，若对不同的顶点结构体开发不同的顶点缓存创建和渲染方法，程序开发的复杂度将有悖于软件工程开发思想。为此，D3D 提出自由顶点格式(Flexible Vertex Format, FVF)概念，利用统一的函数创建和渲染不同的顶点结构。以下是一些常用的顶点格式的宏定义和对应的顶点属性：

- D3DFVF_XYZ：顶点的三维坐标值。
- D3DFVF_NORMAL：顶点的法线向量。
- D3DFVF_DIFFUSE：漫反射的颜色值。
- D3DFVF_SPECULAR：镜面反射的数值。
- D3DFVF_TEX1～8：1～8 个纹理坐标信息。

Direct3D 允许选择的顶点具有多个属性，因此 FVF 的值可以利用或运算操作，实现一个或多个属性的组合。在对 FVF 定义时，自由顶点格式属性的指定顺序必须与顶点结构体中相应属性的定义顺序保持一致。

上文中实现三维顶点和索引的绘制方法的 Vertex 结构体如下：

```
struct Vertex
{
    Vertex(){ }
    Vertex(float x, float y, float z)
    {
        _x = x;   _y = y;   _z = z;
    }
    float  _x, _y, _z;

    static  const DWORD FVF    = D3DFVF_XYZ;
};
```

其中，FVF 的值为 D3DFVF_XYZ。

颜色顶点结构体 ColorVertex 的定义如下：

```
struct ColorVertex
{
    ColorVertex(){ }
```

```
ColorVertex(float x, float y, float z, D3DCOLOR c)
{
    _x = x; _y = y;  _z = z;   _color = c;
}

float    _x, _y, _z;
D3DCOLOR    _color;

staticconst DWORD FVF = D3DFVF_XYZ | D3DFVF_DIFFUSE;
};
```

该结构体除含有 x、y、z 坐标外，还有一个 4 字节的颜色变量_color；颜色顶点的顶点格式 FVF 取值为 D3DFVF_XYZ | D3DFVF_DIFFUSE。

纹理顶点结构体 TextureVertex 的定义如下：

```
struct TextureVertex
{
    TextureVertex() { }
    TextureVertex(float x, float y, float z, float u, float v)
    {
        _x = x;   _y = y;   _z = z;   _u = u;   _v = v;
    }
    float    _x, _y, _z;
    float    _u, _v;
    static    const DWORD FVF = D3DFVF_XYZ | D3DFVF_TEX1;
};
```

该结构体除含有 x、y、z 坐标外，还有 2 个浮点型的纹理坐标数据_u 和_v；纹理顶点的顶点格式 FVF 的取值为 D3DFVF_XYZ | D3DFVF_TEX1。

3.3 基于颜色顶点的图形绘制

前面的图形绘制只有空间信息，没有颜色表达。本节将介绍如何创建颜色顶点，以及利用其进行绘制带有颜色信息的图形渲染的方法。

3.3.1 D3D 颜色表达

一个颜色向量可以分解为红色(R)、绿色(G)、蓝色(B)分量，此外，考虑到多种颜色的融合或透明颜色表达时，还会用到一个融合因子 Alpha。

Direct3D 定义了颜色类型 D3DCOLOR，利用 4 个字节表达一个含有 Alpha 的颜色值，其定义如下：

  typedef DWORD D3DCOLOR;

  每种颜色占用一个字节，RGB 颜色值和 Alpha 值的取值范围为 0～255。为便于对其赋值，D3D 提供了一些封装有由 R、G、B、Alpha 值转化为 D3DCOLOR 类对象的函数，包括 D3DCOLOR_ARGB()、D3DCOLOR_RGBA()、D3DCOLOR_XRGB()等，这些函数的定义如下：

```
#define D3DCOLOR_ARGB(a,r,g,b) \
    ((D3DCOLOR)((((a)&0xff)<<24)|(((r)&0xff)<<16)|(((g)&0xff)<<8)|((b)&0xff)))
#define D3DCOLOR_RGBA(r,g,b,a) D3DCOLOR_ARGB(a,r,g,b)
#define D3DCOLOR_XRGB(r,g,b)   D3DCOLOR_ARGB(0xff,r,g,b)
```

  例如，我们要创建一个纯红色的颜色值，可以利用 D3DCOLOR_ARGB()方法和 D3DCOLOR_XRGB()方法。利用 D3DCOLOR_ARGB()方法时，需要设定 Alpha 值，Alpha 值为 255 表示不透明，RGB 的值分别为 255、0、0。利用 D3DCOLOR_XRGB()方法时，Alpha 值默认设置为 0xff，相当于十进制的 255，不透明。具体如下：

```
D3DCOLOR brightRed = D3DCOLOR_ARGB(255, 255, 0, 0);
D3DCOLOR brightRed = D3DCOLOR_XRGB(255, 0, 0);
```

  为便于颜色的计算，D3D 还提供了 D3DXCOLOR 类，其定义如下：

```
typedef struct D3DXCOLOR
{
    #ifdef _cplusplus
    public:
        D3DXCOLOR() {};
        D3DXCOLOR( UINT    argb );
        D3DXCOLOR( CONST FLOAT * );
        D3DXCOLOR( CONST D3DXFLOAT16 * );
        D3DXCOLOR( FLOAT r, FLOAT g, FLOAT b, FLOAT a );

    operator UINT    () const;

    operator FLOAT* ();
    operator CONST FLOAT* () const;

    D3DXCOLOR&operator += ( CONST D3DXCOLOR& );
    D3DXCOLOR&operator -= ( CONST D3DXCOLOR& );
    D3DXCOLOR&operator *= ( FLOAT );
    D3DXCOLOR&operator /= ( FLOAT );
```

```
D3DXCOLOR operator + () const;
D3DXCOLOR operator - () const;

D3DXCOLOR operator + ( CONST D3DXCOLOR& ) const;
D3DXCOLOR operator - ( CONST D3DXCOLOR& ) const;
D3DXCOLOR operator * ( FLOAT ) const;
D3DXCOLOR operator / ( FLOAT ) const;

friend D3DXCOLOR operator * ( FLOAT, CONST D3DXCOLOR& );

BOOL operator == ( CONST D3DXCOLOR& ) const;
BOOL operator != ( CONST D3DXCOLOR& ) const;

FLOAT r, g, b, a;
} D3DXCOLOR, *LPD3DXCOLOR;
```

该类对"+"、"−"、"*"、"/"运算符进行了重载，实现了颜色加、减、乘、除的运算。

3.3.2 颜色顶点的绘制方法

在 D3D 程序中，我们依然使用 CreateVertexBuffer()方法创建颜色顶点缓存。与三维顶点缓存创建方法不同，在 CreateVertexBuffer()函数中，指定的颜色顶点缓存容量大小为 3 * sizeof(ColorVertex)，顶点格式为 ColorVertex 结构体中定义的 ColorVertex::FVF。例如，利用以下代码可以创建一个三角形所需的 3 个颜色顶点缓存：

```
IDirect3DVertexBuffer9*    _vb;
_device->CreateVertexBuffer(
    3 * sizeof(ColorVertex),
    D3DUSAGE_WRITEONLY,
    ColorVertex::FVF,
    D3DPOOL_MANAGED,
    &_vb,
    0);
```

在对所创建的颜色顶点缓存进行赋值时，我们依然使用 Lock()方法。首先创建一个颜色顶点 ColorVertex 类的指针 v，再锁定颜色顶点缓存_vb，利用 ColorVertex 类的构造函数对其初始化三维坐标和颜色值，最后为_vb 解锁。相关代码如下：

```
ColorVertex*    v;
_vb->Lock(0, 0, (void**)&v, 0);

v[0] = ColorVertex(-0.5f, -0.5f, 0.0f, D3DCOLOR_XRGB(255, 0, 0));
v[1] = ColorVertex( 0.5f, -0.5f, 0.0f, D3DCOLOR_XRGB(0, 255, 0));
```

v[2] = ColorVertex(0.0f, 0.5f, 0.0f, D3DCOLOR_XRGB(0, 0, 255));

_vb->Unlock();

根据图元的顶点颜色可以对图元进行着色，根据其在光栅化过程中的处理速度和渲染效果要求，有多种着色方法。D3D 提供了 Flat、Gouraud、Phong 三种着色模式，可以通过 SetRenderState()设置着色模式 D3DRS_SHADEMODE 的参数，进而设定着色模式。着色模式参数是 D3DSHADEMODE 枚举类型中的一个成员，定义如下：

```
typedef enum _D3DSHADEMODE {
    D3DSHADE_FLAT = 1,
    D3DSHADE_GOURAUD = 2,
    D3DSHADE_PHONG = 3,
    D3DSHADE_FORCE_DWORD = 0x7fffffff
} D3DSHADEMODE;
```

(a) Flat 着色模式　　　　　　(b) Gouraud 着色模式

图 3.3　绘制颜色顶点所组成的三角形图元

采用 Flat 着色模式时，D3D 将图元的第一个顶点颜色作为整个图元的颜色对其着色，一个图元在 Flat 着色模式下只有一种颜色。这种方法虽会导致图形颜色损失，但运算速度快。

下面的语句用于绘制由上面生成的 3 个颜色顶点所组成的三角形，着色模式设置为 Flat，结果如图 3.3(a)所示。

```
_device->SetRenderState(D3DRS_SHADEMODE, D3DSHADE_FLAT);
_device->SetRenderState(D3DRS_FILLMODE, D3DFILL_SOLID);
_device->SetRenderState(D3DRS_CULLMODE,D3DCULL_CW);
_device->SetRenderState(D3DRS_LIGHTING, false);

_device->SetStreamSource(0, _vb, 0, sizeof(ColorVertex));
_device->SetFVF(ColorVertex::FVF);

_device->SetTransform( D3DTS_WORLD, &m_Transform);
_device->DrawPrimitive( D3DPT_TRIANGLELIST, 0, 1);
```

采用 Gouraud 着色模式时，D3D 根据图元的顶点法向量和光照参数计算出每个顶点的颜色后，利用线性插值算法计算图元平面上的每个像素的颜色值。我们可以利用以下语句设置 Gouraud 着色模式：

_device->SetRenderState(D3DRS_SHADEMODE, D3DSHADE_GOURAUD);

图 3.3(b)展示了 Gouraud 着色模式下的三角形绘制结果。相对于 Flat 着色模式，它的着色结果比较平滑，但复杂的计算导致绘制过程变慢。

3.4 基于纹理顶点的图形绘制

为增强画面的美感，往往采用将纹理图片附着于三维模型上的方法来实现一个图元与图片部分的颜色信息相关联。本节将介绍纹理顶点和纹理图片创建和渲染的方法。

3.4.1 纹理映射原理

图 3.4(a)展示了纹理坐标系，U 轴方向为从左到右，V 轴方向为从上到下，取值区间为[0.0，1.0]。为将纹理贴图附着于三维三角形上，每个顶点需要一个二维纹理坐标(u, v)定义该顶点在纹理图片上的映射坐标，如图 3.4(b)所示。将映射的三角形纹理附着于三维平面上，即实现了纹理映射。

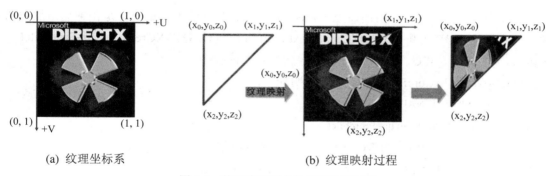

(a) 纹理坐标系　　　　　　　　　　(b) 纹理映射过程

图 3.4　基于纹理顶点的纹理映射过程

3.4.2 纹理顶点缓存的创建

纹理顶点至少由三维位置坐标(x, y, z)和二维纹理坐标(u, v)组成，在 3.2 节中，我们定义了一个纹理顶点结构体 TextureVertex。在 D3D 程序中，我们依然使用 CreateVertexBuffer()方法创建纹理顶点缓存。利用以下代码可以创建一个三角形所需的 4 个纹理顶点缓存：

```
IDirect3DVertexBuffer9*        _vb;
_device->CreateVertexBuffer(
    4 *sizeof(TextureVertex),
    D3DUSAGE_WRITEONLY,
    TextureVertex::FVF,
    D3DPOOL_MANAGED,
```

```
            &_vb,
            0);
```

该纹理顶点缓存容量大小为 4 * sizeof(TextureVertex)；顶点格式为 TextureVertex 结构体中定义的 TextureVertex::FVF。

在对所创建的纹理顶点缓存进行赋值时，我们依然使用 Lock() 方法。以下代码生成一个带有纹理坐标信息的三维正方形：

```
            TextureVertex* v;
            _vb->Lock(0, 0, (void**)&v, 0);

            v[0] = TextureVertex( -0.5f,  -0.5f,   0.0f,   0.0f,   1.0f);
            v[1] = TextureVertex(  0.5f,  -0.5f,   0.0f,   1.0f,   1.0f);
            v[2] = TextureVertex( -0.5f,   0.5f,   0.0f,   0.0f,   0.0f);
            v[3] = TextureVertex(  0.5f,   0.5f,   0.0f,   1.0f,   0.0f);

            _vb->Unlock();
```

3.4.3 纹理缓存的创建

在 D3D 中，纹理缓存的接口为 IDirect3DTexture9*。纹理数据通常是在磁盘中加载图像文件实现的，D3D 提供了 D3DXCreateTextureFromFile() 和 D3DXCreateTextureFromFileEx() 等函数，将 BMP、JPG、PNG 等多种图像文件载入内存中。

D3DXCreateTextureFromFile() 函数声明如下：

```
            HRESULT WINAPI
                D3DXCreateTextureFromFile(
                    LPDIRECT3DDEVICE9           pDevice,
                    LPCSTR                      pSrcFile,
                    LPDIRECT3DTEXTURE9*         ppTexture);
```

其中，参数 pDevice 为 Direct3D 设备对象；pSrcFile 为图像文件地址的字符串；ppTexture 为纹理缓存接口的指针。该函数加载图片后，将其长宽大小扩展为 2 的正整数指数幂，以便创建多级纹理缓存。

利用 D3DXCreateTextureFromFile() 函数，我们可以创建一个纹理缓存 _texture，并对其加载当前项目路径下的"1.jpg"图像文件。具体代码如下：

```
            IDirect3DTexture9*       _texture;
            D3DXCreateTextureFromFile(_device, "1.jpg", &_texture);
```

D3DXCreateTextureFromFileEx() 函数除指定纹理图片外，还有很多参数可以选择，其声明如下：

```
            HRESULT WINAPI
                D3DXCreateCubeTextureFromFileEx(
```

LPDIRECT3DDEVICE9	pDevice,
LPCSTR	pSrcFile,
UINT	Size,
UINT	MipLevels,
DWORD	Usage,
D3DFORMAT	Format,
D3DPOOL	Pool,
DWORD	Filter,
DWORD	MipFilter,
D3DCOLOR	ColorKey,
D3DXIMAGE_INFO*	pSrcInfo,
PALETTEENTRY*	pPalette,
LPDIRECT3DCUBETEXTURE9*	ppCubeTexture);

该函数的参数说明如下：

- pDevice：Direct3D 设备对象。
- pSrcFile：图像文件地址的字符串。
- Width：像素宽度。如果取值为 0 或 D3DX_DEFAULT，则其值将根据图像的宽度伸展为 2 的正整数指数幂。
- Height：像素高度。如果取值为 0 或 D3DX_DEFAULT，则其值将根据图像的高度伸展为 2 的正整数指数幂。
- MipLevels：多级渐进纹理的图层级数。若取值为 0 或 D3DX_DEFAULT，则创建完整的多级纹理链；若取值为 D3DX_FROM_FILE，则其值大小在图片文件中取得。
- Usage：设定所创建纹理的使用方法，参数可以是 0、D3DUSAGE_RENDERTARGET、D3DUSAGE_DYNAMIC。当取值为 D3DUSAGE_RENDERTARGET 时，表示纹理表面用做渲染目标；当取值为 D3DUSAGE_DYNAMIC 时，表示纹理表面可以动态改变纹理缓存。
- Format：选择纹理像素的格式，取值为枚举类 D3DFORMAT 的成员。当定义为 D3DFMT_UNKNOWN 时，纹理格式由图像文件中的像素格式决定。
- Pool：纹理的内存存放类型。
- Filter：纹理过滤方式。
- MipFilter：设置多级渐进纹理过滤方式。
- ColorKey：设置透明颜色值。
- pSrcInfo：指向图像信息 D3DXIMAGE_INFO 结构体的指针，用于记录图像信息，可设置为 NULL。
- pPalette：指向 PALETTEENTRY 结构体的指针，用于记录调色板信息，可设置为 NULL。
- ppTexture：纹理缓存接口的指针。

利用 D3DXCreateTextureFromFileEx()函数，我们可以创建一个纹理缓存_texture，像素格式为 D3DFMT_A8R8G8B8，表示 8 位 Alpha、8 位红色、8 位绿色、8 位蓝色通道，并对其加载当前项目路径下的"1.jpg"图像文件。具体代码如下：

  D3DXCreateTextureFromFileEx (_device, "1.jpg", D3DX_DEFAULT,
    D3DX_DEFAULT, D3DX_DEFAULT, 0, D3DFMT_A8R8G8B8,
    D3DPOOL_MANAGED, D3DX_FILTER_TRIANGLE,
    D3DX_FILTER_TRIANGLE, D3DCOLOR_RGBA(0,0,0,255),
    NULL, NULL, &_texture);

3.4.4 纹理顶点的绘制

绘制纹理顶点时，除设定顶点缓存输入源和索引缓存输入源外，还要设定纹理缓存输入源。D3D 提供了 SetTexture()方法，用于选择绘制纹理顶点时对应的纹理图像，该函数声明如下：

  HRESULT IDirect3DDevice9::SetTexture(
    DWORD Stage,
    IDirect3DBaseTexture9* pTexture);

物体表面是由一幅或多幅纹理图像组合进行细节表达的，在设定纹理时需要指定哪个纹理层选用哪个纹理缓存。SetTexture()函数的 Stage 参数为纹理的层数，D3D 中最多可以设置 8 层纹理，因此该参数取值范围为[0，7]；pTexture 参数为选定的纹理缓存的指针。

通过以下代码，我们可以绘制上文创建的纹理顶点所组成的正方形：

```
_device->SetStreamSource(0, _vb, 0, sizeof(TextureVertex));
_device->SetIndices(_ib);
_device->SetFVF(TextureVertex::FVF);
_device->SetTexture(0, _texture);

_device->SetRenderState(D3DRS_FILLMODE, D3DFILL_SOLID);
_device->SetRenderState(D3DRS_CULLMODE, D3DCULL_CCW);
_device->SetRenderState(D3DRS_LIGHTING, false);

_device->SetTransform( D3DTS_WORLD, &m_Transform);
_device->DrawIndexedPrimitive( D3DPT_TRIANGLELIST, 0, 0, 4, 0, 2);
```

3.4.5 纹理过滤器

如图 3.5 所示，当三维纹理三角形投影到二维屏幕上时，纹理投影需要放大或缩小以适应投影区域，这会导致纹理的畸变。为优化纹理投影结果，D3D 提供了多种纹理过滤技术为每个屏幕像素进行纹理采样，包括最近点采样（Nearest Point Sampling）、线性纹理过滤

(Linear Filtering)、各向异性纹理过滤(Anisotropic Filtering)、多级渐进过滤(Texturefiltering with Mipmaps)等。

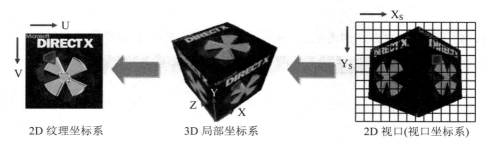

图 3.5　纹理映射到屏幕空间发生的纹理畸变

当纹理三角形比屏幕投影结果小时，对应的纹理投影结果需要放大；当纹理三角形比屏幕投影结果大时，对应的纹理投影结果需要缩小。为此需要设置放大和缩小过程中采用的纹理过滤技术。D3D 通过 SetSamplerState()函数选择三种纹理过滤技术，设置放大过滤器 D3DSAMP_MAGFILTER 和缩小过滤器 D3DSAMP_MINFILTER。SetSamplerState()函数的定义如下：

```
HRESULT SetSamplerState(
    DWORD                   Sampler,
    D3DSAMPLERSTATETYPE     Type,
    DWORD                   Value);
```

其中，参数 Sampler 指定哪一层纹理设置采样状态；参数 Type 指定对纹理采样的操作，在实枚举体 D3DSAMPLERSTATETYPE 中取值，包括 D3DSAMP_MAGFILTER、D3DSAMP_MINFILTER、D3DSAMP_MIPFILTER 等纹理过滤方式；参数 Value 用于设置采样操作的属性。

屏幕投影获得的纹理像素位置是一个浮点值，最近点采样方式将映射的纹理像素赋予在纹理图像中与它最接近的整数位置对应的像素值。该方式处理速度最快，但是效果最差。将放大和缩小过滤器设置为最近点采样方式的代码如下：

```
_device->SetSamplerState(0, D3DSAMP_MAGFILTER, D3DTEXF_POINT);
_device->SetSamplerState(0, D3DSAMP_MINFILTER, D3DTEXF_POINT);
```

线性纹理过滤方式将映射纹理位置相邻的像素值进行加权取平均值计算该位置的像素值。线性纹理过滤方式与较最近点采样方式相比，图像显示质量得到提高，由于其计算方法不是很复杂，其计算速度也不受太大影响，因此是目前使用最广泛的纹理过滤技术。将放大和缩小过滤器设置为线性纹理过滤方式的代码如下：

```
_device->SetSamplerState(0, D3DSAMP_MAGFILTER, D3DTEXF_LINEAR);
_device->SetSamplerState(0, D3DSAMP_MINFILTER, D3DTEXF_LINEAR);
```

习　题

1. 利用顶点缓存方法创建如图 3.6 所示的金字塔，并绕 Y 轴旋转。

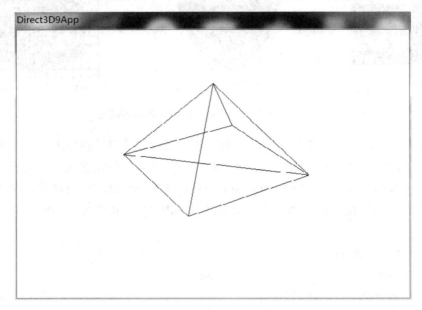

图 3.6　习题 1 图

2. 创建一个立方体和一组网格(见图 3.7)，实现立方体在网格上行走的功能。（图中为俯视视角）

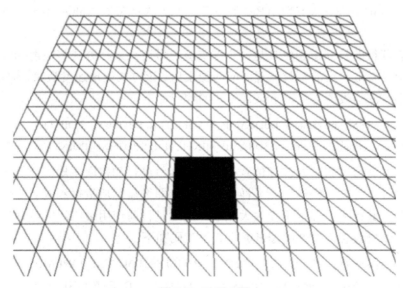

图 3.7　习题 2 图

3. 创建如图 3.8 所示的带纹理的框架和圆筒，要求各个表面的纹理不同，包括四边形的外表面和内表面纹理。（纹理可替换）

图 3.8　习题 3 图

第 4 章 Alpha 融合

本章介绍基于 Alpha 通道的融合(Blending)技术，实现光栅化过程中某一像素位置的颜色混合，并重点介绍利用 D3D 提供的各种融合模式，使含有颜色和纹理信息的三维模型具有透明效果的方法。

4.1 基于 Alpha 通道的像素融合

空间几何体投影在屏幕上时具有覆盖性，在光栅化过程中，需要计算已绘制好的像素(目标像素)与将要绘制的像素(源像素)的融合结果。

4.1.1 Alpha 融合原理

3.3.1 节提到 D3D 的颜色数据包含一个 Alpha 值，将该值与像素融合公式结合，可实现光栅化过程中某一像素位置上源像素和目标像素的融合。

具体的像素融合公式如下：

$$p_{out} = (\alpha_{src} \otimes p_{src}) \oplus (\alpha_{dest} \otimes p_{dest}) \tag{4.1}$$

其中，p_{src} 为源像素的 RGB 颜色向量；α_{src} 为源融合因子，用于指定源像素在融合结果中所占的比例，取值范围为[0, 1]；p_{dest} 为目标像素的 RGB 颜色向量；α_{dest} 为目标融合因子，用于指定目标像素在融合结果中所占的比例，取值范围为[0, 1]；$\otimes$ 表示将融合因子与颜色向量逐个相乘；$\oplus$ 表示融合运算方法；p_{out} 为该位置上的像素计算结果。

为实现 D3D 环境下的 Alpha 渲染，首先需要设置 Alpha 融合渲染状态，再设置源因子和目标融合因子以及 Alpha 融合运算方法，最后利用三维模型的 Alpha 通道绘制场景。

4.1.2 设置 Alpha 融合渲染状态

由于 Alpha 融合的计算消耗大，D3D 默认 Alpha 融合渲染状态是关闭的。我们可以利用 SetRenderState()函数为设备开启 Alpha 融合渲染状态：具体就是将 D3DRS_ALPHABLEND-ENABLE 属性设置为 true，相关代码如下：

```
_device->SetRenderState(D3DRS_ALPHABLENDENABLE, true);
```

源因子和目标融合因子的设定通过调用两次 SetRenderState() 函数，分别对 D3DRS_SRCBLEND 和 D3DRS_DESTBLEND 的属性进行设定完成。通常源融合因子取自源像素的 Alpha 值，目标融合因子为 $1-\alpha_{src}$，实现透明的效果。因此，对应的源融合因子 D3DRS_SRCBLEND 设置为 D3DBLEND_SRCALPHA，目标融合因子 D3DRS_DESTBLEND 设置为 D3DBLEND_INVSRCALPHA。相关代码如下：

```
_device->SetRenderState(D3DRS_SRCBLEND, D3DBLEND_SRCALPHA);
_device->SetRenderState(D3DRS_DESTBLEND, D3DBLEND_INVSRCALPHA);
```

此外，融合因子还可以选取为_D3DBLEND 枚举类型的成员，其中比较常用的取值和含义如下：

- D3DBLEND_ZERO：融合因子为(0, 0, 0, 0)。
- D3DBLEND_ONE：融合因子为(1, 1, 1, 1)。
- D3DBLEND_SRCCOLOR：融合因子为源像素(r_s, g_s, b_s, a_s)。
- D3DBLEND_INVSRCCOLOR：融合因子为源像素的逆$(1-r_s, 1-g_s, 1-b_s, 1-a_s)$。
- D3DBLEND_SRCALPHA：融合因子为源像素的 Alpha 值(a_s, a_s, a_s, a_s)。
- D3DBLEND_INVSRCALPHA：融合因子为源像素 Alpha 值的逆$(1-a_s, 1-a_s, 1-a_s, 1-a_s)$。
- D3DBLEND_DESTALPHA：融合因子为目标像素的 Alpha 值(a_d, a_d, a_d, a_d)。
- D3DBLEND_INVDESTALPHA：融合因子为源像素 Alpha 值的逆$(1-a_d, 1-a_d, 1-a_d, 1-a_d)$。
- D3DBLEND_DESTCOLOR：融合因子为目标像素(r_d, g_d, b_d, a_d)。
- D3DBLEND_INVDESTCOLOR：融合因子为目标像素的逆$(1-r_b, 1-g_b, 1-b_b, 1-a_b)$。
- D3DBLEND_SRCALPHASAT：融合因子为(f, f, f, 1)，$f = \min(a_s, 1-a)$。

默认情况下，D3D 的融合运算是通过相加运算实现的，可以利用 SetRenderState() 函数将融合运算 D3DRS_BLENDOP 属性设置为 D3DBLENDOP_ADD，实现源像素和目标像素的融合。相关代码如下：

```
_device->SetRenderState(D3DRS_BLENDOP, D3DBLENDOP_ADD);
```

在 3.3.1 节中，颜色结构体中有 Alpha 分量，PNG 等格式的图片也有 Alpha 通道，用于控制透明度，其取值范围为[0, 255]，值越高代表该顶点透明度越低，0 代表顶点全透明，255 代表不透明。在利用 Alpha 融合渲染方式绘制三维物体时，需要利用纹理状态设置函数 SetTextureStageState() 指定 Alpha 值取自顶点还是纹理，该函数的声明如下：

```
HRESULT SetTextureStageState(
        DWORD Stage,
        D3DTEXTURESTAGESTATETYPE Type,
        DWORD Value );
```

其中，参数 Stage 用于指定纹理层；Type 指定所要设置的纹理状态，Value 为设定纹理状态的值。

绘制几何体时，若采用顶点颜色 Alpha 分量决定其透明度，需要利用 SetTextureStageState() 函数将纹理层的第一个 Alpha 融合参数状态 D3DTSS_ALPHAARG1 设置为 D3DTA_DIFFUSE，并将 Alpha 融合运算状态 D3DTSS_ALPHAOP 设置为 D3DTOP_SELECTARG1，选择该纹理层的第一个融合参数。相关代码如下：

  _device->SetTextureStageState(0, D3DTSS_ALPHAARG1, D3DTA_DIFFUSE);
  _device->SetTextureStageState(0, D3DTSS_ALPHAOP, D3DTOP_SELECTARG1);

绘制几何体时，若采用纹理 Alpha 通道决定其透明度，需要利用 SetTextureStageState() 函数将纹理层的第一个 Alpha 融合参数状态 D3DTSS_ALPHAARG1 设置为 D3DTA_TEXTURE，并将 Alpha 融合运算状态 D3DTSS_ALPHAOP 设置为 D3DTOP_SELECTARG1。相关代码如下：

  _device->SetTextureStageState(0, D3DTSS_ALPHAARG1, D3DTA_TEXTURE);
  _device->SetTextureStageState(0, D3DTSS_ALPHAOP, D3DTOP_SELECTARG1);

4.2 纹理内存的访问

在对纹理图案做一些图像处理操作时，需要对纹理缓存进行访问，本节将介绍如何访问和修改 IDirect3DTexture9*类型的纹理类对象的 RGB 和 Alpha 通道的缓存。

纹理缓存方法与顶点和索引指针缓存的访问方法类似，在锁定纹理缓存后，访问或修改各个通道，最后解锁。不同的是，在纹理缓存访问之前需要获取纹理的表面描述信息，如宽度、高度等信息，才可以通过设定循环长度，对纹理逐行地访问。为此，我们需要创建一个描述表面 D3DSURFACE_DESC 的类对象，并通过纹理缓存的 GetLevelDesc()方法获取表面的描述信息。相关代码如下：

  D3DSURFACE_DESC Desc;
  _texture->GetLevelDesc(0, &Desc);

然后，利用纹理缓存的 LockRect()方法对其加锁，该函数的声明如下：

  HRESULT LockRect(
    UINT   Level,
    D3DLOCKED_RECT* pLockedRect,
    const RECT*   pRect,
    DWORD   Flags
  );

其中，参数 Level 用于指定所要锁定的纹理层；pLockedRect 为指向被锁定的缓存区域的指针；pRect 用于选择锁定纹理表面的矩形区域，若想锁定整个表面，则设置为 NULL；Flags 为锁定方式，其用法和 3.1.1 节的顶点缓存锁定方法一致。

利用 LockRect() 对纹理表面锁定后，纹理缓存访问的接口为一个 D3DLOCKED_RECT 类对象，该类的定义如下：

```
typedefstruct _D3DLOCKED_RECT
{
    INT             Pitch;
    void*           pBits;
} D3DLOCKED_RECT;
```

其中，Pitch 为锁定纹理的每行像素的内存大小；pBits 为纹理像素缓存的指针。

以下代码展示了创建和访问纹理内存的方法：

```
BYTE _alpha = 127;
IDirect3DTexture9*          _texture;
D3DXCreateTextureFromFileEx(_device, "1.jpg", D3DFMT_FROM_FILE, D3DFMT_FROM_FILE,
                D3DX_DEFAULT, 0, D3DFMT_A8R8G8B8,
                D3DPOOL_MANAGED, D3DX_FILTER_TRIANGLE,
                3DX_FILTER_TRIANGLE, D3DCOLOR_RGBA(0,0,0,255),
                NULL, NULL, &_texture);

D3DSURFACE_DESC Desc;
_texture->GetLevelDesc(0, &Desc);

D3DLOCKED_RECT TextureDC;
if(FAILED(_texture->LockRect(0, &TextureDC, 0, D3DLOCK_DISCARD)))
{
    texture_buffer = nullptr;
    printf("fail: loced texture;\n");
    return;
}
texture_buffer = static_cast<BYTE*>(TextureDC.pBits);
for (int i = 0 ; i < Desc.Height; i++)
{
    for (int j = 0 ; j < Desc.Width; j++)
    {
        int _temp = (i * Desc.Width + j) * 4 ;
        texture_buffer[_temp +    3] = alpha;
    }
}
_texture->UnlockRect(0);
```

该段代码首先创建纹理表面描述信息 Desc 和纹理缓存访问接口 TextureDC，最后通过 LockRect()函数锁定纹理缓存，并访问和修改 TextureDC.pBits 像素指针所指向的内存。该段代码的功能是通过修改纹理每个像素的 Alpha 通道，更改纹理的透明度，渲染结果如图 4.1 所示。

图 4.1　纹理 Alpha 通道修改后的纹理立方体渲染结果

第 5 章 光照与材质

在计算机图形学中,光照仿真是一个重要的研究课题,它将三维场景表现得更加真实。本章将重点讲解点光源、方向光、聚光灯的实现原理和对应的 D3D 光源接口,并介绍用于反射光线的物体材质和法向量顶点的设计方法。

5.1 光照与光源

Direct3D 在渲染阶段需根据几何体纹理、材质以及几何体与各种光线的反射关系,计算几何体各个像素的最终显示结果,达到光线模拟的效果。本节将介绍常用的光源及 Direct3D 光源的实现方法。

5.1.1 光照模型

场景的再现是通过物体发光和物体反射等物理光线传递方式展现在视野中的,Direct3D 提供了用于模拟不同光线的反射模式,包括环境光(Ambient Light)、漫射光(Diffuse Light)、镜面光(Specular Light)。

环境光在直接照射物体或经过其他物体反射到达某一三角形顶点时,该三角形都可以被照亮。漫射光是经过物体表面,向所有方向均匀反射的光线。漫反射不同于镜面反射,在计算该光照的渲染过程中,只需考虑光的照射法线和物体表面的朝向,不需考虑观察角度。镜面光照射某一个三角形表面时,遵照反射定律,该三角形反射的光线方向相同,因此均为同一方向,在计算该光照的渲染过程中,不仅要考虑光的照射法线和物体表面的朝向,还要考虑观察角度。

我们可以通过 SetRenderState()函数设置 D3DRS_LIGHTING 状态的值为 true,开启光照渲染状态。相关代码如下:

```
_device->SetRenderState(D3DRS_LIGHTING, true);
```

可以看出,镜面光的计算相对于其他光照的计算较复杂,在保证光照效果的前提下,Direct3D 设备有时需要通过关闭镜面光来提高渲染速度。我们通过 SetRenderState()函数可以设置镜面光渲染状态的开关。启用镜面光时,只需将 D3DRS_SPECULARENABLE 设为 true 即可。相关代码如下:

```
device ->SetRenderState(D3DRS_SPECULARENABLE, true);
```

以上三种光照类型的光都能用 D3DCOLORVALUE 或 D3DXCOLOR 类描述光线的颜色，其 R、G、B、Alpha 分量的取值范围为[0.0, 1.0]。由于光线不存在融合的问题，所以在利用光照渲染时，光的颜色的 Alpha 值会被忽略。

5.1.2 常用的光源

通过设置三种基本光照模式的光颜色，我们可以创建多种光源，如 Direct3D 点光源(Point Light)、方向光(Directional Light)、聚光灯(Spot Light)等。

点光源可以产生从光源向所有方向发射的光线，如图 5.1(a)所示。方向光可发射出沿特定方向的一束平行光线，这些光线只与方向有关，与光源位置无关，如图 5.1(b)所示。聚光灯可以产生类似手电筒发出的圆锥形光束，它产生的光线由一个相对明亮的内圆锥和一个相对暗淡的外圆锥组成，光线亮度由内锥向外锥逐渐减弱，如图 5.1(c)所示。

(a) 点光源　　　　(b) 方向光　　　　(c) 聚光灯

图 5.1　常用的光源模型

为创建以上三种基本光源，Direct3D 定义了 D3DLIGHT9 光源结构体，通过它我们可以设置光源对象的三种光照模型以及位置、方向等信息。该结构体定义如下：

```
typedef struct _D3DLIGHT9 {
    D3DLIGHTTYPE      Type;
    D3DCOLORVALUE     Diffuse;
    D3DCOLORVALUE     Specular;
    D3DCOLORVALUE     Ambient;
    D3DVECTOR         Position;
    D3DVECTOR         Direction;
    float             Range;
    float             Falloff;
    float             Attenuation0;
    float             Attenuation1;
    float             Attenuation2;
```

```
        float                    Theta;
        float                    Phi;
    } D3DLIGHT9;
```

该结构体的参数说明如下：

• Type：光源的类型，其值是 D3DLIGHTTYPE 枚举体里的任意一个值，包括点光源 D3DLIGHT_POINT、方向光 D3DLIGHT_DIRECTIONAL、聚光灯 D3DLIGHT_SPOT。

• Diffuse：所发射出的漫射光的颜色。

• Specular：所发射出的镜面光的颜色。

• Ambient：所发射出的环境光的颜色。

• Position：光源的位置，该参数对于方向光无意义。

• Direction：光的传播方向，该参数对于点光源无意义。

• Range：灯光能够传播的范围，该参数对于方向光无意义。

• Falloff：该参数仅用于聚光灯，定义了光强从内锥到外锥的衰减参数，其值越大，光强衰减得越厉害。Falloff 值通常设置为 1.0f。

• Attenuation0、Attenuation1、Attenuation2：用于点光源和聚光灯，定义了式(5.1)中光强 A 的衰减系数 a_0、a_1、a_2 为

$$A = \frac{1}{a_0 + a_1 d + a_2 d^2} \tag{5.1}$$

其中，d 表示光源与所照射到的顶点间的距离。

• Theta：该参数仅用于聚光灯，定义了聚光灯内锥的角度。

• Phi：该参数仅用于聚光灯，定义了聚光灯外锥的角度。

利用 D3DLIGHT9 光源结构体，我们可以创建多个光源。为标示各个光源，Direct3D 通过 SetLight()函数为每个光源对象设置一个 ID，并通过 LightEnable()函数开启或关闭一个光源，这两个函数的定义如下：

```
    HRESULT SetLight(
      DWORD              Index,
      const D3DLIGHT9*   pLight
    );

    HRESULT LightEnable(
      DWORD              LightIndex,
      BOOL               bEnable
    );
```

其中，SetLight()函数中的 Index 参数为所要注册光源的 ID；pLight 参数为所要注册光源的地址。LightEnable()函数中的 LightIndex 参数为光源的 ID；bEnable 参数为开关状态。

5.1.3 常用光源案例分析

D3DLIGHT9 光源对象的参数较多,为了简化初始化的过程,我们创建了以下基本的点光源类、方向光类和聚光灯类,用户可以利用其创建类对象,并调用相关成员函数,实现光源的参数初始化与开关等。

1. 点光源类

点光源类 PointLight 的声明如下:

```
class PointLight
{
    public:
        PointLight();
        ~PointLight();

        void Initialize(IDirect3DDevice9* _device, int _id,
                        D3DXVECTOR3 _pos, D3DXCOLOR _ambient,
                        D3DXCOLOR _diffuse, D3DXCOLOR _specular, float _range,
                        float _a0 = 1.0f, float _a1 = 0.0f, float _a2 = 0.0f);
        void SetPosition(D3DXVECTOR3 _pos);
        void Enable(IDirect3DDevice9* _device, bool _state);
        void Reset(IDirect3DDevice9* _device);
        D3DLIGHT9 _light;

    protected:

    private:
        int         d_id;
}
```

其中,成员属性_light 为光源的对象实体;成员属性 d_id 为光源的 ID;成员函数 Initialize() 用于初始化光源 light 的各个参数;成员函数 SetPosition()用于设置光源位置;成员函数 Enable()用于开启与关闭光源;成员函数 Reset()用于光源属性修改后,重置该光源。

点光源类 PointLight 的各个成员函数的定义如下:

```
PointLight::PointLight()
{
    _light.Type = D3DLIGHT_POINT;
}
```

```
void PointLight::Initialize(IDirect3DDevice9* _device, int   _id, D3DXVECTOR3   _pos,
                D3DXCOLOR   _ambient, D3DXCOLOR   _diffuse, D3DXCOLOR
                _specular, float _range,  float _a0, float _a1, float _a2)
{
    _light.Position = _pos;

    _light.Ambient = _ambient;

    _light.Diffuse = _diffuse;

    _light.Specular = _specular;

    _light.Range = _range;

    _light.Attenuation0 = _a0;

    _light.Attenuation0 = _a1;

    _light.Attenuation0 = _a2;

    d_id = _id;

    _device->SetLight(d_id, &_light);

    _device->LightEnable(d_id, true);
}

void PointLight::SetPosition(D3DXVECTOR3   _pos)
{
    _light.Position = _pos;
}

void PointLight::Enable(IDirect3DDevice9*   _device, bool   _state)
{
    _device->LightEnable(d_id, _state);
}

void PointLight::Reset(IDirect3DDevice9*   _device)
{
    _device->SetLight(d_id, &_light);

    _device->LightEnable(d_id, true);
}
```

2．方向光类

方向光类 DirectionalLight 的声明如下：

```
class DirectionalLight
{
```

```cpp
public:
    DirectionalLight();
    ~DirectionalLight();

    void Initialize(IDirect3DDevice9*  _device, int    _id, D3DXVECTOR3   _dir,
                    D3DXCOLOR   _ambient, D3DXCOLOR   _diffuse,
                    D3DXCOLOR   _specular);
    void SetDirection(D3DXVECTOR3    _dir);
    void Enable(IDirect3DDevice9*  _device, bool   _state);
    void Reset(IDirect3DDevice9*   _device);
    D3DLIGHT9        _light;

protected:

private:
    int             d_id;
};
```

其中，函数成员的意义和 PointLight 类的函数成员的意义一样，只是方向光没有位置属性，但有方向属性；SetDirection()函数用于指定发射光源的方向。

方向光类 DirectionalLight 的各个成员函数定义如下：

```cpp
DirectionalLight::DirectionalLight()
{
    _light.Type = D3DLIGHT_DIRECTIONAL;
}


DirectionalLight::~DirectionalLight()
{

}

void DirectionalLight::Initialize(IDirect3DDevice9*  _device, int   _id, D3DXVECTOR3   _dir,
                                  D3DXCOLOR   _ambient, D3DXCOLOR   _diffuse,
                                  D3DXCOLOR   _specular)
{
    _light.Direction = _dir;

    _light.Ambient = _ambient;
    _light.Diffuse = _diffuse;
    _light.Specular = _specular;
```

```cpp
    d_id = _id;
    _device->SetLight(d_id, &_light);
    _device->LightEnable(d_id, true);
}

void DirectionalLight::SetDirection(D3DXVECTOR3    _dir)
{
    _light.Direction = _dir;
}

void DirectionalLight::Enable(IDirect3DDevice9*    _device, bool    _state)
{
    _device->LightEnable(d_id, _state);
}

void DirectionalLight::Reset(IDirect3DDevice9*    _device)
{
    _device->SetLight(d_id, &_light);
    _device->LightEnable(d_id, true);
}
```

3. 聚光灯类

聚光灯类 SpotLight 的声明如下：

```cpp
class SpotLight
{
    public:
        SpotLight();
        ~SpotLight();

        void Initialize(IDirect3DDevice9*    _device, int    _id,
                        D3DXVECTOR3    _pos, D3DXVECTOR3    _dir,
                        D3DXCOLOR    _ambient, D3DXCOLOR    _diffuse,
                        D3DXCOLOR    _specular, float    _range, float    _falloff = 1.0f,
                        float    _theta = 0.3, float    _phi = 0.8, float    _a0 = 1.0f,
                        float    _a1   = 0.0f, float    _a2 = 0.0f);

        void SetPosition(D3DXVECTOR3    _pos);
        void SetDirection(D3DXVECTOR3    _dir);
```

```
    void Enable(IDirect3DDevice9*  _device, bool   _state);
    void Reset(IDirect3DDevice9*   _device);

    D3DLIGHT9           _light;

protected:

private:
    int                 d_id;
};
```

其中，函数成员的意义与 PointLight 和 DirectionalLight 类的函数成员的意义一样，只不过聚光灯类既有位置属性，又有方向属性。

聚光灯类 SpotLight 的各个成员函数的定义如下：

```
SpotLight::SpotLight()
{
    _light.Type = D3DLIGHT_SPOT;
}

SpotLight::~SpotLight()
{

}

void SpotLight::Initialize(IDirect3DDevice9*  _device, int   _id, D3DXVECTOR3   _pos,
                           D3DXVECTOR3   _dir, D3DXCOLOR   _ambient,
                           D3DXCOLOR   _diffuse, D3DXCOLOR   _specular,
                           float   _range, float   _falloff, float   _theta,
                           float   _phi, float   _a0, float   _a1, float   _a2)
{
    _light.Position = _pos;
    _light.Direction = _dir;

    _light.Ambient = _ambient;
    _light.Diffuse = _diffuse;
    _light.Specular = _specular;

    _light.Range = _range;
    _light.Falloff = _falloff;
    _light.Theta = _theta;
```

```
    _light.Phi = _phi;
    _light.Attenuation0 = _a0;
    _light.Attenuation1 = _a1;
    _light.Attenuation2 = _a2;

    d_id = _id;
    _device->SetLight(d_id, &_light);
    _device->LightEnable(d_id, true);
}

void SpotLight::SetPosition(D3DXVECTOR3 _pos)
{
    _light.Position = _pos;
}

void SpotLight::SetDirection(D3DXVECTOR3 _dir)
{
    _light.Direction = _dir;
}

void SpotLight::Enable(IDirect3DDevice9* _device, bool _state)
{
    _device->LightEnable(d_id, _state);
}
void SpotLight::Reset(IDirect3DDevice9* _device)
{
    _device->SetLight(d_id, &_light);
    _device->LightEnable(d_id, true);
}
```

5.2 材 质

在现实中，光线照射到物体上，反射效果不仅由光源的光照模型决定，还受物体材质的吸收率、反射率等属性的影响。为模拟物体反射现象，本节讲解 D3D 环境中材质创建方法以及光照的融合方法。

D3D 定义了材质结构体 D3DMATERIAL9，其定义如下：

```
typedef struct _D3DMATERIAL9 {
    D3DCOLORVALUE       Diffuse;
    D3DCOLORVALUE       Ambient;
    D3DCOLORVALUE       Specular;
    D3DCOLORVALUE       Emissive;
    float               Power;
} D3DMATERIAL9;
```

D3D 的各种光源均有漫射光、镜面光、环境光三种光照模型，为模拟物体材质对这三种光照的反射效果，材质也有对应这三种光的反射属性 Diffuse、Specular、Ambient，其值为光照的颜色。为表现物体的高光效果，利用 Power 属性可以更改高光点的锐度。此外，有些物体会自身发光，Emissive 表达了自身所发光的颜色值。

若将材质对某一光照颜色的反射设置为 0.0，则代表对该光照颜色反射率为 0%；设置为 1.0，则代表反射率为 100%。我们可以通过以下代码创建一个能够反射所有光照模型，而自身不发光的材质：

```
D3DMATERIAL9    _mtrl;
D3DXCOLOR       _mtrl_color = D3DXCOLOR(1.0f, 1.0f, 1.0f, 1.0f);
_mtrl.Ambient = _mtrl_color;
_mtrl.Diffuse = _mtrl_color;
_mtrl.Specular = _mtrl_color;
_mtrl.Emissive = D3DXCOLOR(0.0f, 0.0f, 0.0f, 1.0f);
_mtrl.Power = 5.0f;
```

在物体绘制过程中，顶点结构中不含材质数据，需要通过 SetMaterial() 函数指定物体的材质。该函数的声明如下：

IDirect3DDevice9::SetMaterial(CONST D3DMATERIAL9*   pMaterial)

5.3 顶点法向量

在 D3D 中，我们不必为每个顶点指定不同颜色值以达到理想的光影效果，D3D 会根据光源类型、材质和物体表面相对于光源的朝向自动计算出每个顶点的颜色值，为创造真实的 3D 环境提供了一种极其便利的方法。

通过计算平面的法向量与光线的交角，可以计算平面对光的反射效果。在 D3D 中，顶点是三角形平面的构成要素，光照只有照射到三角形顶点，才有照明效果，为此，平面的顶点法向量能够决定平面的光照效果。独立的三角形平面的顶点法向量可以由所在平面的法向量决定，如图 5.2(a)所示。在顶点共面情况下，为使各个面均得到光照反射效果，该顶点的法向量需具有各个面的法向量分量，如图 5.2(b)所示，该法向量可表达为

$$\mathbf{n} = a_0\mathbf{n}_0 + a_1\mathbf{n}_1 + a_2\mathbf{n}_2 \tag{5.2}$$

其中，参数 a_0、a_1、a_2 为正数。

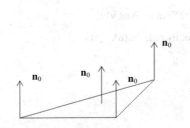
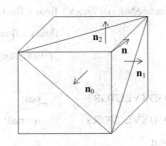

(a) 独立三角形平面的顶点法向量　　　　(b) 共面的顶点法向量

图 5.2　顶点法向量的计算方法

为使顶点法向量在渲染过程中规范化，我们可以利用 SetRenderState() 函数设定 D3DRS_NORMALIZENORMALS 状态为 true，相关代码如下：

　　Device->SetRenderState(D3DRS_NORMALIZENORMALS, true);

利用自由顶点格式的顶点创建和绘制方法，我们可以创建含有法向量属性的顶点结构体，并通过结构体中的 FVF 属性值识别所定义的顶点结构体的存储形式。顶点颜色不仅可以通过顶点颜色表达，也可以通过材质的光照反射颜色表现，为此，在创建通过材质绘制的物体顶点时，我们无需为顶点定义各自的颜色值，只需要指定其三维坐标和法向量即可。为此，我们可以通过以下代码创建含有法向量的顶点结构体 NormalVertex：

```
struct NormalVertex
{
    NormalVertex() : _pos(0.0f,0.0f,0.0f),_normal(0.0f,0.0f,0.0f){}

    NormalVertex(float x,float y,float z, float nx,float ny,float nz): _pos(x,y,z),_normal(nx,ny,nz){}

    D3DXVECTOR3      _pos;
    D3DXVECTOR3      _normal;

    static const DWORD    FVF = D3DFVF_XYZ | D3DFVF_NORMAL;
};
```

其中，FVF 属性中的 D3DFVF_NORMAL 值指定了该结构体中含有法向量属性。

除利用顶点颜色绘制几何体外，还可以利用纹理映射的方式展示几何体的颜色，为展现纹理在不同材质下的反射效果，我们需要创建具有法向量和纹理坐标的顶点结构体。以下代码定义了 TextureNormalVertex 顶点结构体：

```
struct TextureNormalVertex
{
    TextureNormalVertex() :
```

_pos(0.0f,0.0f,0.0f), _normal(0.0f,0.0f,0.0f), _u(0.0f), _v(0.0f){ }

TextureNormalVertex (float x,float y,float z,
　　　　　　　　　float nx,float ny,float nz, float u, float v) :
　　　　　　　　　_pos(x,y,z), _normal(nx,ny,nz), _u(u), _v(v){ }

D3DXVECTOR3　　　_pos;
D3DXVECTOR3　　　_normal;
float　　　　　　　_u, _v;

static const DWORD FVF = D3DFVF_XYZ | D3DFVF_NORMAL | D3DFVF_TEX1 ;
};

习　　题

创建灯光，尝试实现以下功能：

(1) 创建一个墙壁，按 E 键开启平行光，照亮墙壁。按 R 键开启聚光灯，使部分墙壁被照亮。按 T 键开启点光，使部分墙壁被照亮。

(2) 按 A 键聚光灯位置不动，光照射在墙壁上，光斑向左移动，按 D 键光斑向右移动。

(3) 在按住 R 键开启聚光灯的情况下，按 N 键聚光灯_theta 减小，按 M 键聚光灯_theta 增大。

第二部分

三维编程应用

第 6 章 三维网格模型

本章将介绍通过 X 文件将三维模型载入 DirectX 程序的方法及一些简单的应用。

6.1 XFile 文件

通过程序定义顶点缓存和索引缓存仅可以建立一些简单的网格模型，实际的三维模型制作过程中需要使用更为复杂的网格模型，这时就需要使用专业的三维建模软件对网格模型进行绘制，如 3ds Max、MAYA 等，本节主要介绍在 Direct3D 中载入 X 文件。

6.1.1 三维网格 ID3DXMesh 接口

DirectX 提供了 ID3DXMesh 类接口，用于定义网格对象。它包含了描述网格的基本信息，不仅有顶点缓存和索引缓存，还具有将网格划分为多个子集的子集属性缓存以及用于优化网格的相邻信息缓存。

我们利用 D3DXCreateMeshFVF() 函数可以为网格对象生成一定数量的顶点和三角形面，该函数定义如下：

```
HRESULT WINAPI D3DXCreateMeshFVF(
    DWORD              NumFaces,
    DWORD              NumVertices,
    DWORD              Options,
    DWORD              FVF,
    LPDIRECT3DDEVICE9  pD3DDevice,
    LPD3DXMESH*        ppMesh);
```

其中，参数 NumFaces 为网格的三角形面数，网格的索引数为 NumFaces * 3；NumVertices 为网格的顶点数；Options 为创建标记，取值为 D3DXMESH_SYSTEMMEM、D3DXMESH_MANAGED、D3DXMESH_WRITEONLY、D3DXMESH_DYNAMIC、D3DXMESH_SOFTWAREPROCESSING；FVF 为自由顶点格式标示；pD3DDevice 为 DirectX 设备；ppMesh 为所创建的网格对象指针。

ID3DXMesh 类的顶点缓存和索引缓存的访问函数分别为 GetVertexBuffer() 和

GetIndexBuffer()，函数原型如下：

   HRESULT   ID3DMesh::GetVertexBuffer(LPDIRECT3DVERTEXBUFFER9* ppVB);

   HRESULT   ID3DMesh::GetIndexBuffer(LPDIRECT3DVERTEXBUFFER9* ppIB);

  我们可以利用第 5 章的 Lock()方法获得指向缓存内部存储区的指针，对其内存进行创建和修改，在访问完毕之后，利用 Unlock()方法对其进行解锁。

  与第 5 章的方法类似，ID3DXMesh 类给出了顶点缓存和顶点缓存锁定方法 LockVertexBuffer() 和 LockIndexBuffer()，以及解锁方法 UnlockVertexBuffer() 和 UnlockIndexBuffer()，这些函数定义如下：

   HRESULT ID3DXMesh::LockVertexBuffer(DWORD Flags, BYTE** ppData);

   HRESULT ID3DXMesh::LockIndexBuffer(DWORD Flags, BYTE** ppData);

   HRESULT ID3DXMesh::UnlockVertexBuffer( );

   HRESULT ID3DXMesh::UnlockIndexBuffer( );

其中，参数 ppData 为指向被锁定的缓存区域的指针，Flags 表示锁定方式，可以是 0、D3DLOCK_DISCARD、D3DLOCK_NOOVERWRITE、D3DLOCK_READONLY。

  ID3DXMesh 网格接口中还提供了以下常用的获取网格信息的函数：
- DWORD GetFVF()：获取网格的灵活顶点格式。
- GetNumVertices()：获取网格的顶点数目。
- GetNumBytesPerVertex()：获取每个顶点所占的字节数。
- GetNumFaces()：获取网格的面片数目。

  当 ID3DXMesh 类对象生命周期结束时，需要释放其缓存，为此该类还提供了 Release()函数，以释放其所占有的缓存空间。

6.1.2 网格子集

  一个复杂的网格模型往往具有多种材质、纹理等信息，因此在绘制一个网格时，需要根据不同的材质，将网格划分为不同的子集，每个子集单独渲染。网格的子集是指在同一网格模型中，一组可以用相同的材质、贴图和绘制状态进行绘制的三角形。

  对于同一网格中的每一个子集，我们需要用唯一的非负整数进行标记。习惯上，我们常用 0，1，2，3，…，n–1 对子集进行标记。对于该网格中的每一个三角形，它们所属的子集的标记，将会存储在子集缓存中，而且子集缓存中的元素与索引缓存中的每个三角形一一对应。例如，索引缓存中的第五个三角形属于子集 2，那么子集缓存中的第五个元素就是 2。与顶点缓存和索引缓存相同，访问子集缓存，也需要先将其进行锁定，ID3DXMesh 类提供了属性锁定和解锁函数 LockAttributeBuffer()和 UnlockAttributeBuffer()，它们的声明如下：

   HRESULT ID3DXMesh::LockAttributeBuffer(THIS_ DWORD Flags, DWORD** ppData);

   HRESULT ID3DXMesh:: UnlockAttributeBuffer();

其中，参数 Flags 表示锁定方式；ppData 为指向被锁定的属性缓存区域的指针。

在绘制网格模型时，我们需要逐个绘制每个子集，ID3DXMesh 类中提供了子集绘制方法 DrawSubset()，其定义如下：

    HRESULT ID3DXMesh::DrawSubset(DWORD AttribId);

该方法可对子集 AttribId 中所有的三角形进行绘制。

6.1.3 Xfile 文件的加载与渲染

3ds Max 本身并不能导出.x 格式的文件，需要安装插件进行导出。常用的导出 X 文件的插件有 PandaDirectXMaxExporter、kW X-port 3ds Max X file exporter、Alin DirectX Exporter(AXE)等。读者可以去这些插件的官方网站下载与系统所安装 3ds Max 相对应的版本。

X 文件导出完成后，可以利用函数 D3DXLoadMeshFromX()将 XFile 文件的网格数据加载到一个 ID3DXMesh 对象中。该函数原型如下：

    HRESULT WINAPI D3DXLoadMeshFromX(
      LPCSTR pFilename,
      DWORD Options,
      LPDIRECT3DDEVICE9 pD3DDevice,
      LPD3DXBUFFER* ppAdjacency,
      LPD3DXBUFFER* ppMaterials,
      LPD3DXBUFFER* ppEffectInstances,
      DWORD* pNumMaterials,
      LPD3DXMESH* ppMesh);

该函数各项参数的说明如下：

- pFilennmae：需要加载的 X 文件的地址和文件名的字符串。
- Options：指定加载 X 文件时的选项。取值可为 D3DXMESH_SYSTEMMEM、D3DXMESH_MANAGED、D3DXMESH_WRITEONLY、D3DXMESH_DYNAMIC、D3DX-MESH_SOFTWAREPROCESSING。
- pD3DDevice：设备指针。
- ppAdjacency：指向存储网格模型的邻接信息的缓存的地址。
- ppMaterials：指向存储网格模型的材质缓存的地址，该缓存包括材质和纹理文件信息。
- ppEffectInstances：指向存储网格模型特殊效果的缓存的地址。通常将这个参数设为 0。
- pNumMaterials：材质的数量。
- ppMesh：指向生成好的网格模型的地址。

例如，加载一个在该项目文件夹下的名为 XFilename 的 X 文件：

```cpp
ID3DXBuffer*        _mtrl_Buffer = 0;
char*               XFilename;
ID3DXMesh*          model_Mesh;
DWORD               d_num_Mtrls;
HRESULT             hr = 0;

hr = D3DXLoadMeshFromX( XFilename, D3DXMESH_MANAGED, _device,
                NULL, &_mtrl_Buffer, NULL, &d_num_Mtrls, &model_Mesh);
```

其中，参数 pFilename 也可以是一个包含路径的字符串，这样就可以把模型和贴图放到任意位置了。

材质和纹理信息均保存在 _mtrl_Buffer 缓存中，它们以 D3DXMATERIAL 的结构体数组存储。该结构体的原型如下：

```cpp
typedef struct _D3DXMATERIAL
{
    D3DMATERIAL9    MatD3D;
    LPSTR           pTextureFilename;
} D3DXMATERIAL;
typedef D3DXMATERIAL* LPD3DXMATERIAL;
```

需要将材质和纹理信息从 D3DXMATERIAL 类对象中提取出来，以便实现模型的纹理贴图和用于光照的材质反射。

读取材质和纹理的代码如下：

```cpp
model_Mtrls = new D3DMATERIAL9[d_num_Mtrls];
model_Textures = new LPDIRECT3DTEXTURE9[d_num_Mtrls];
//取得缓存中 mtrlBuffer 起始地址的指针
D3DXMATERIAL* _mtrls = (D3DXMATERIAL*)_mtrl_Buffer->GetBufferPointer();

for(int i = 0; i < d_num_Mtrls; i++)
{
    //设置环境光的颜色，因为 MatD3D 中并未设置
    _mtrls[i].MatD3D.Ambient = _mtrls[i].MatD3D.Diffuse;
    model_Mtrls[i] = _mtrls[i].MatD3D;
    if( _mtrls[i].pTextureFilename != NULL )
    {
        //从文件中读取贴图数据
        D3DXCreateTextureFromFile(_device, _mtrls[i].pTextureFilename, & model_Textures[i]);
    }
```

```
        else
        {
            //子集无纹理信息
            model_Textures[i] = NULL;
        }
    }
```

其中，MatD3D 属性存储了材质数据，将其读入 D3DMATERIAL9 对象中；pTextureFilename 属性存储了纹理文件位置的字符串，将其读取后，利用 D3DXCreateTextureFromFile()读取为纹理缓存。

在设备载入网格、材质、纹理缓存后，就可以对网格模型进行绘制了。利用 D3DXLoadMeshFromX()方法载入的 X 文件，其材质和纹理与网格子集是一一对应的，所以可以方便地利用绘制子集的 DrawSubset()方法对整个模型进行绘制。相关代码如下：

```
    for(int i = 0; i < d_num_Mtrls; i++)
    {
        _device->SetMaterial( &model_Mtrls[i] );
        _device->SetTexture(0, model_Textures[i]);
        model_Mesh->DrawSubset(i);
    }
```

图 6.1 展示了 X 文件的渲染效果。读者可以加载不同的模型，通过更改文件的缩放比例来适应渲染窗口。

图 6.1　XFile 文件"Plane.x"的渲染效果

6.2 XFile 的边界体

美工设计人员为程序员提供网格模型时，通常不会提供网格尺寸和边界等信息，甚至网格的中心并不在坐标原点。为实现物体的碰撞检测，本节将介绍在网格顶点缓存中的边界体和空间位置计算方法。

6.2.1 边界体计算方法

6.1.1 节中提到利用 LockVertexBuffer()对网格顶点缓存进行锁定访问后，通过 D3D 提供的边界球计算函数 D3DXComputeBoundingSphere()和边界盒计算函数 D3DXComputeBoundingBox()，可以计算 XFile 网格模型的边界与中心位置。

D3DXComputeBoundingSphere()用来计算网格顶点的中心位置与距离中心最远的顶点到中心的距离，进而计算出网格模型的边界球的圆心和半径。如对应于图 6.1，其边界球的计算结果如图 6.2(a)所示。该函数的原型如下：

```
HRESULT WINAPI D3DXComputeBoundingSphere(
    CONST D3DXVECTOR3*  pFirstPosition,
    DWORD   NumVertices,
    DWORD   dwStride,
    D3DXVECTOR3*  pCenter,
    FLOAT*   pRadius);
```

该函数各项参数的说明如下：
- pFirstPosition：指向第一个顶点的地址。
- NumVertices：网格中顶点的数量。可以利用 ID3DXMesh 中的 GetNumVertices()函数得到网格模型的顶点数量。
- dwStride：每个顶点所占字节的大小。由于灵活顶点格式的缘故，网格模型顶点的大小并不是一定的。可以利用 ID3DXMesh 中的 GetFVF()函数得到灵活顶点格式，再用 D3DXGetFVFVertexSize()函数计算出大小。
- pCenter：用于返回边界球的球心。
- pRadius：用于返回边界球的半径。

与边界球计算类似，函数 D3DXComputeBoundingBox()用于计算网格空间分布上的最小点和最大点，进而计算出网格模型的长、宽、高。如对应于图 6.1，其边界盒的计算结果如图 6.2(b)所示。该函数的原型如下：

```
HRESULT WINAPI D3DXComputeBoundingBox(
    CONST D3DXVECTOR3*  pFirstPosition,
    DWORD    NumVertices,
```

```
            DWORD          dwStride,
            D3DXVECTOR3*   pMin,
            D3DXVECTOR3*   pMax);
```
该函数的前三个参数与边界球计算函数的一致，其他参数的说明如下：
- pMin：用于返回边界盒的最小点。
- pMax：用于返回边界盒的最大点。

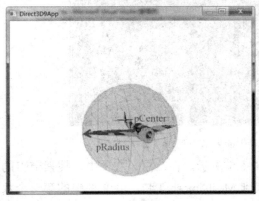
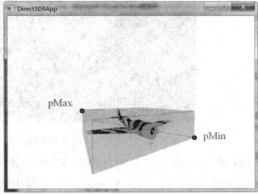

(a) 边界球　　　　　　　　　　　　　　(b) 边界盒

图 6.2　XFile 网格模型的边界体

6.2.2　子集边界体

部分情况下，我们不仅需要计算出网格模型整体的边界体，还需要对每个节点的边界体进行计算，以便应对不同部位被击中而产生的不同事件。本节将介绍子集的边界球和边界盒检测方法，效果如图 6.3 所示。

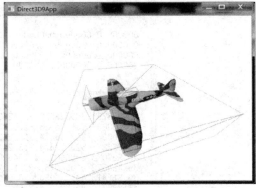

(a) 子边界球　　　　　　　　　　　　　(b) 子边界盒

图 6.3　XFile 网格模型的子边界体

子集边界体的计算方法包括以下 4 个步骤：

(1) 在 3ds Max 中使用切片方法，将物体分割为多个节点。如图 6.4 所示，飞机网格模型被划分为三个节点，包括机体 P47、机盖 Canopy、螺旋桨 Plane04。

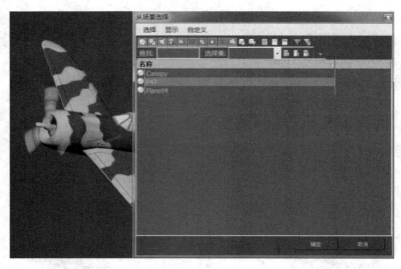

图 6.4　3ds Max 场景中的多节点列表

(2) 利用记事本打开所导出的 XFile，如图 6.5 所示。在 XFile 文件中，搜索节点的名字，以 P47 为例，可以在 Frame P47 文件中找到 Mesh mesh_P47，其文件中的第一个数据 1254 即为该节点的顶点个数。

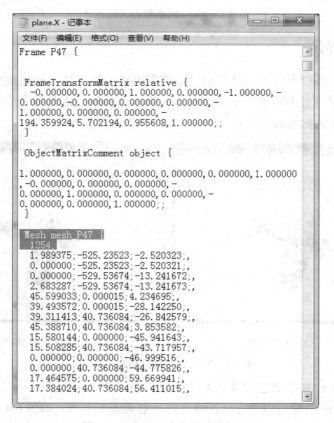

图 6.5　XFile 文本中的节点信息

第 6 章 三维网格模型

在利用该方法知道每个部分的顶点数目后，再在程序中定义一个节点顶点个数的数组，以在网格顶点缓存访问时，标示各个节点的索引位置。

```
#define OBJECTNODENUM    3
const int ObjectNodeVertexNum[OBJECTNODENUM] = {
    1254,      //P47
    258,       //Canopy
    4          //Plane04
};
```

(3) 创建边界体结构体 BoundingVolumeInfo，记录边界球的中心 v_center 和半径 f_radius，以及边界盒的边界最小值 v_range_min 和边界最大值 v_range_max。创建一个 BoundingVolumeInfo 的 vector 容器，用于储存各个子集的边界体。

```
struct BoundingVolumeInfo
{
    float           f_radius;
    D3DXVECTOR3     v_center;
    D3DXVECTOR3     v_range_min;
    D3DXVECTOR3     v_range_max;
    int             d_addition;
};
std::vector<BoundingVolumeInfo>    p_bounding_sub;
```

(4) 在锁定网格模型后，根据节点的顶点个数，确定其在网格顶点缓存中的存储位置，然后利用 D3DXComputeBoundingSphere()和 D3DXComputeBoundingBox()函数计算每个节点的边界体。相关代码如下：

```
int sum = 0;
BYTE* v = 0;
model_Mesh->LockVertexBuffer(0, (void**)&v);
for (int i = 0; i < OBJECTNODENUM;i++)
{
    BoundingVolumeInfo _bounding;
    D3DXComputeBoundingSphere(
        (D3DXVECTOR3*)(v + sum * D3DXGetFVFVertexSize(model_Mesh->GetFVF())),
        ObjectNodeVertexNum[i],
        D3DXGetFVFVertexSize(model_Mesh->GetFVF()),
        &_bounding.v_center,
        &_bounding.f_radius);
```

```
D3DXComputeBoundingBox(
    (D3DXVECTOR3*)(v + sum * D3DXGetFVFVertexSize(model_Mesh->GetFVF())),
    ObjectNodeVertexNum[i],
    D3DXGetFVFVertexSize(model_Mesh->GetFVF()),
    &_bounding.v_range_min,
    &_bounding.v_range_max);

p_bounding_sub.push_back(_bounding);
sum += ObjectNodeVertexNum[i];
}
model_Mesh->UnlockVertexBuffer();
```

6.3 碰撞检测

物体间的碰撞检测是边界体应用的典型案例之一，可以用于物体是否被击中等事件判断。在计算出物体的空间边界后，根据两个物体的边界是否存在相交，推断物体间的碰撞是比较常用的方法。本节将介绍基于边界体数据的网格碰撞检测方法。

网格模型都是由大量的三角形组成的，我们自然地会想到检测每个模型的每个三角形是否碰撞。虽然这一方法非常精确，但需要进行大量运算。以现阶段计算机的性能来看，是需要耗费较长时间的。此处介绍一种利用网格模型的边界球检测碰撞的方法。

两球间的碰撞检测，通常是通过计算两球位置与两球半径之和的关系判定的。如图 6.6 所示，当两球球心间距大于两球半径之和时，无碰撞；当两球球心间距小于等于两球半径之和时，发生碰撞。

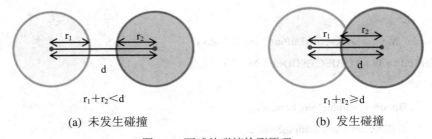

(a) 未发生碰撞　　　　　　　　　(b) 发生碰撞

图 6.6　两球的碰撞检测原理

在程序实现过程中，物体网格模型边界体计算所得的物体所在空间为物体的局部坐标系，需根据物体的空间变换矩阵，将边界球的中心转化为全局坐标，再利用两球间的距离和半径的关系，计算两球是否发生碰撞。

在使用边界球检测方法时，可以发现若物体的空间分布不是球形时，物体外接球所在范围内含有无效空间，在碰撞时会出现误差。我们还可以利用边界盒信息，对长方体分布的网格模型物体进行空间碰撞检测。

边界盒的检测方法有很多,这里介绍物体在轴对齐情况下的边界盒碰撞检测方法。如图 6.7 所示,在计算得到两个长方体中心之差的向量 **d** 后,若 **d** 的 X、Y、Z 轴分量均小于等于两个长方体的长、高、宽之和的一半,则判定为两个长方体发生碰撞。

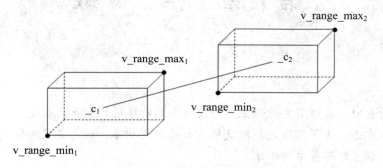

图 6.7　两盒的碰撞检测原理

习　题

将 2 个 3ds Max 模型分别导出为 XFile 文件,并加载到一个 D3D 环境下渲染。通过键盘调整摄像机位置,以随意观看所创建的模型。

第 7 章 拾 取

在三维场景中，有时需要使用鼠标与场景中的物体进行交互。但是，鼠标只能在二维的屏幕上进行点击，为了准确地判断鼠标是否拾取到物体，就需要使用拾取技术。本章主要讲解如何拾取三维场景中的物体。

7.1 计算拾取射线

如图 7.1 所示，判断鼠标是否拾取到物体，可以转换为判断射线 OS 是否与物体相交，其中点 O 为投影中心，即摄像机所在位置，点 S 为鼠标单击点在投影窗口中的位置。

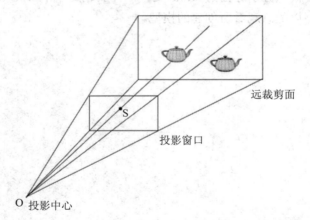

图 7.1 射线与三维物体相交

在对三维物体进行绘制时，需要对物体进行如图 7.2 所示的变换。

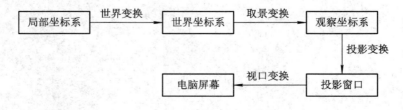

图 7.2 物体绘制流程

第 7 章 拾 取

要实现拾取技术，首先，需要获取鼠标单击点 P，计算出它在投影窗口中对应的点 S，从而计算拾取射线 OS；然后，将拾取射线和物体都变换至世界坐标系中；最后，判断拾取射线与物体是否相交。

首先，获取鼠标单击点的坐标 $P(p_X, p_Y)$，然后结合视口变换矩阵将点 P 转化为投影窗口中的点 $S(s_X, s_Y, s_Z)$。视口变换矩阵如下：

$$\begin{bmatrix} \dfrac{Width}{2} & 0 & 0 & 0 \\ 0 & \dfrac{Height}{2} & 0 & 0 \\ 0 & 0 & MaxZ - MinZ & 0 \\ X + \dfrac{Width}{2} & Y + \dfrac{Height}{2} & MinZ & 1 \end{bmatrix}$$

点 P 和点 S 的关系如下：

$$p_X = s_X \left(\dfrac{Width}{2} \right) + X + \dfrac{Width}{2}$$

$$p_Y = s_Y \left(\dfrac{Height}{2} \right) + X + \dfrac{Height}{2}$$

解该方程得出

$$s_X = \dfrac{2p_X - 2X - Width}{Width}$$

$$s_Y = \dfrac{-2p_Y + 2Y + Height}{Height}$$

根据定义，投影窗口在 $Z = 1$ 的平面上，所以 $s_Z = 1$。一般情况下，视口的 X、Y 值都为 0，所以

$$s_X = \dfrac{2p_X}{Width} - 1$$

$$s_Y = -\dfrac{2p_Y}{Height} + 1$$

在此基础上，进一步将该点转化到观察坐标系中，还需要对其进行一次投影矩阵的逆运算。假设投影矩阵为 **Q**，其中项 Q_{00} 和 Q_{11} 是 X、Y 坐标的变化系数，则有

$$s_X = \left(\dfrac{2X}{Width} - 1 \right) \left(\dfrac{1}{Q_{00}} \right)$$

$$s_Y = \left(-\dfrac{2Y}{Height} + 1 \right) \left(\dfrac{1}{Q_{11}} \right)$$

$$s_Z = 1$$

根据所学的数学知识，射线的参数方程为 $s(t) = s_0 + \mathbf{u}t$，其中，s_0 表示射线的起点，**u**

表示射线的方向向量。在观察坐标系中,射线的起点就是坐标原点,所以 $s_0 = (0, 0, 0)$,那么
$$u = s - s_0 = (s_X, s_Y, 1) - (0, 0, 0) = s$$

根据以上分析,我们可以创建一个拾取射线的函数,将该射线转化至观察坐标系中。

首先,创建结构体 Ray 用于存储射线的属性,具体代码如下:

```
struct Ray
{
    D3DXVECTOR3 _origin;
    D3DXVECTOR3 _direction;
};
```

函数 Pick_Ray()的具体代码如下:

```
Pick_Ray(IDirect3DDevice9* _device, int x, int y)
{
    float sx = 0.0f;
    float sy = 0.0f;
    D3DVIEWPORT9 v;                          //获取视口变换矩阵
    _device->GetViewport(&v);
    D3DXMATRIX proj;                         //获取投影变换矩阵
    _device->GetTransform(D3DTS_PROJECTION,&proj);  //计算在观察坐标系中的坐标
    sx = (((2.0f*x) / v.Width) - 1.0f) / proj(0,0);
    sy = (((-2.0f*y) / v.Height) + 1.0f) / proj(1,1);

    Ray ray;            //定义在观察坐标系中的原点和鼠标单击点
    ray._origin = D3DXVECTOR3(0.0f,0.0f,0.0f);
    ray._direction = D3DXVECTOR3(sx,sy,1.0f);
    return ray;
}
```

这样计算出的拾取射线处于观察坐标系中。为了判断射线与物体是否相交,需要将射线与物体都变换至同一坐标系中。我们可以将射线与物体都变换至世界坐标系中。这里借助取景变换矩阵,分别将 s_0 和 **u** 变换至世界坐标系中,其中起点按照点变换计算,使用函数 D3DXVec3TransformCoord()实现;方向按照向量变换计算,使用函数 D3DXVec3TransformNormal()实现。

根据以上的分析,创建一个函数 Transform_Ray()计算变换后的射线。相关代码如下:

```
Transform_Ray(Ray*  ray,D3DXMATRIX*  T)
{
    D3DXVec3TransformCoord(&ray->_origin,&ray->_origin,T);
    D3DXVec3TransformNormal(&ray->_direction,&ray->_direction,T);
```

D3DXVec3Normalize(&ray->_direction,&ray->_direction);   //标准化
}

7.2 判断射线与物体是否相交

我们分别将物体与拾取射线变换至世界坐标系后，就可以判断射线与物体是否相交了。比较直接的方法是让射线与目标模型的每个三角形面片进行碰撞检测，但是这种方法在模型面片数较多时会非常耗时。使用前面介绍的边界体虽然可以减少计算量，但边界球的面片数也不少。长方形的包围盒包含的面片数最少，但在多个物体同时存在于场景中时运算量也是不容忽视的，而在实际情况中，我们也很难让所有物体都使用包围盒。显然我们需要一种更有效率的方法来判断射线是不是与物体相交。

假定使用包围球作为一个 3D 模型的边界体，根据第 6 章的有关内容，在程序里可以轻易获得这个包围球的中心点 C 和它的半径 r。要想知道射线有没有和包围球相交就转换成点 C 到射线延长线的距离 d 与包围球半径 r 之间的大小比较问题。如果 d≤r，则表示射线和模型的边界体相交，也就是拾取到了物体；反之，d>r 就表示"没拿到"物体。接下来的问题就是如何求取距离 d。求解的方法有很多，在这里只介绍其中的一种。

图 7.3 是问题的示意图。从图中不难看出，线段 AC 的长度就是我们想要的 d。点 O 和点 C 的坐标都已知，但 A 点的坐标未知。加上不知道∠AOC 的角度，因此无法直接利用勾股定理进行计算，需要利用向量计算来解决这个问题。

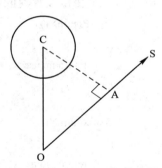

图 7.3 判断射线是否与物体相交

首先利用 O、C 两点坐标可以求得向量 **OC**。在 7.1 节中已经求得了射线 OS 标准化之后的方向向量 **l**，利用向量点积的几何意义，可以把向量 **OC** 投影到向量 **l** 上，再用点积的结果乘上方向向量 **l** 就得到了 **OC** 在射线 OS 上的投影，也就是图 7.3 中的向量 **OA**。

$$OA = (OC \cdot l) * l$$

于是向量 **CA** 为

$$CA = OA - OC$$

有了 **CA** 向量，点 C 到射线 OS 的距离就可以用 **CA** 的长度表示了。有一点需要注意，我们其实不需要知道线段 CA 到底有多长，计算它的长度仅仅是为了和半径 r 做一个比较。考虑到开平方根的计算相对复杂，因此直接比较 **CA** 长度的平方与半径 r 的平方。根据相关数学知识，向量 **CA** 的模的平方就等于向量 **CA** 与自己的点积。下面附上一种编写方法：

```
bool raySphereTest(Ray*    ray, BoundingVolumeInfo*   _bounding_entire)
{
    D3DXVECTOR3    v_co = _bounding_entire->v_center – ray->_origin;
```

```cpp
D3DXVECTOR3    v_ca = v_co - ray->_direction * D3DXVec3Dot(&ray->_direction, &v_co);
float d = D3DXVec3Dot(&v_ca, &v_ca);

if(d > _bounding_entire->f_radius * _bounding_entire->f_radius)
    return false;

return true;
}
```

7.3 拾 取 案 例

本章的例程只要对 6.3 节碰撞检测部分的代码略加修改即可。除去将上述函数声明到 MyD3D.h，并将函数实现在 MyD3D.cpp 中之外，我们还需要添加鼠标响应。为此，需要在 D3DUT.cpp 中添加 3 个全局变量，分别用来记录鼠标点击时的坐标(x, y)和鼠标左键是否被按下：

```cpp
float mouse_x, mouse_y;
bool mouse_left_down;
```

同时为这三个变量设置返回函数：

```cpp
float ReturnX()
{
    return mouse_x;
}

float ReturnY()
{
    return mouse_y;
}

bool ReturnLButtonDown()
{
    return mouse_left_down;
}
```

然后在 WndProc()函数里添加鼠标响应事件：

```cpp
switch( msg )
{
    /*...*/ //其他功能的代码
    case WM_LBUTTONDOWN:
        mouse_left_down = true;
```

```
            mouse_x = LOWORD(lParam);
            mouse_y = HIWORD(lParam);
            break;
        case WM_LBUTTONUP:
            mouse_left_down = false;
            break;
        }
```

如果鼠标左键被按下就接着判断发出的射线是否与边界体相交，需要在 **MyD3D.cpp** 的 FrameMove()函数里添加下面的代码：

```
    if (ReturnLButtonDown())
    {
        D3DXMATRIX view_matrix, view_inverse_matrix;
        p_Device->GetTransform(D3DTS_VIEW, &view_matrix);
        D3DXMatrixInverse(&view_inverse_matrix, NULL, &view_matrix);

        Ray ray = RayPicking(p_Device, ReturnX(), ReturnY());

        TransformRay(&ray, &view_inverse_matrix);

        if(raySphereTest(&ray, &obj_aircraft._bounding_entire))
        {
            d_bounding_type = D3DXFileBV::BOUNDING_ENTIREBOX;
        }
        else
            d_bounding_type = D3DXFileBV::BOUNDING_ENTIRESPHERE;
    }
```

为了让效果更明显，在模型未被点中时由红颜色的包围球包围整个模型，一旦被点中，红色的包围球就变成蓝色的包围盒。具体效果如图 7.4 所示。其中，图 7.4(a)为模型未被点中的状态；图 7.4(b)为模型被点中的状态。

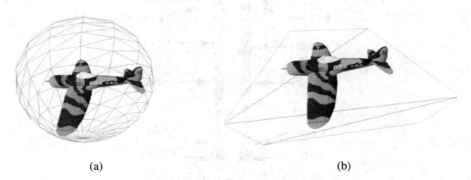

图 7.4 点中模型前后的边界体

第 8 章　动画网格模型

3D 建模工具不仅可以设计静态的三维物体，还可以设计多种动画。骨骼动画的渲染是三维编程中重要的环节，本章将介绍绘制骨骼动画的 X 文件。

8.1　骨骼动画相关技术原理

在许多复杂的应用(比如人体运动)中，动画的数据处理是较为繁重的工作。三维编程中的骨骼动画是通过层次结构模型实现的。图 8.1(a)所示为人体骨骼模型。根据人体的关节运动方式，人体骨骼被划分为腰、胸、胳膊、腿等子节点。各个子节点根据运动的连带关系，组成了图 8.1(b)所示的人体骨骼层次结构模型。图 8.1(a)中的 Spine 自上而下编号分别为 Spine3、Spine2 和 Spine1，最下面的 Spine 没有编号。

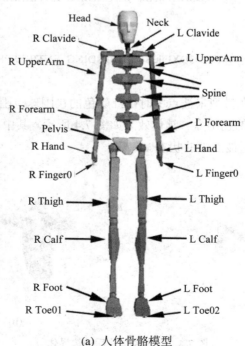

(a)　人体骨骼模型

第 8 章 动画网格模型

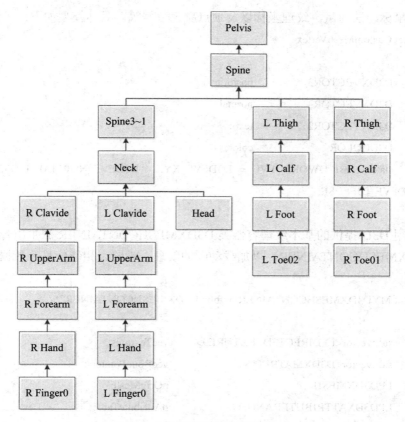

(b) 人体骨骼层次结构模型

图 8.1 人体骨骼模型和人体骨骼层次结构模型

根据 2.2.2 节中的反向运动矩阵变换原理，子节点的运动状态受到父节点的空间的变换影响，其全局变换矩阵等于子节点的局部空间变换矩阵与父节点的空间变换矩阵的乘积。举例而言，图 8.1 的右脚节点 R Foot 的最终空间变换矩阵可表达为

$$M_{R\_Foot\_global} = M_{RFoot}M_{RCalf}M_{RThigh}M_{Spine}M_{Pelvis}$$

8.2 骨骼动画类

为便于开发，我们封装了骨骼动画类 D3DXAnimation，通过调用其类对象，实现对带骨骼动画的 XFile 文件的加载、控制、渲染等过程。此外，我们还创建了一个用于加载网格模型和分层结构模型的customAllocateHierarchy类，将动画模型加载为 CustomMeshVertex 网格顶点结构类对象和 MYD3DXMESHCONTAINER 网格模型类对象。

8.2.1 骨骼动画数据结构

为定义网格的顶点类型，我们声明了一个网格顶点结构体 CustomMeshVertex，它包含了三维顶点坐标、法向量、纹理坐标以及顶点颜色数据等。具体模型如下：

```
struct CustomMeshVertex
{
    D3DXVECTOR3         position;
    D3DXVECTOR3         normal;
    D3DXVECTOR2         tex0;
    D3DCOLOR            color;
    static const DWORD FVF = D3DFVF_XYZ | D3DFVF_NORMAL | D3DFVF_TEX1 | D3DFVF_DIFFUSE;
};
```

我们利用 D3D 提供的基本纹理容器类 D3DXMESHCONTAINER 派生出骨骼动画容器类 MYD3DXMESHCONTAINER，以加载动画的纹理、骨骼、相邻信息等数据。该类的定义如下：

```
struct MYD3DXMESHCONTAINER: public D3DXMESHCONTAINER
{
    std::vector<LPDIRECT3DTEXTURE9>     vecTextures;
    std::vector<D3DXMATRIX*>            vecBonePointers;
    LPD3DXMESH                          pOrigMesh;
    LPD3DXATTRIBUTERANGE                pAttributeTable;
    DWORD                               dwNumAttributeGroups;
    DWORD                               dwNumPaletteEntries;
    D3DXMATRIX*                         pBoneOffsets;
    DWORD                               dwNumInfl;
    bool                                bSoftwareSkinning;
    LPD3DXBUFFER                        pBoneCombinationBuf;
};
```

8.2.2 分层结构接口

D3D 提供的分层结构模型接口 ID3DXAllocateHierarchy 是抽象的，由于抽象类不能实例化，因此我们通过派生该类，创建一个可以实例化的分层结构类 customAllocateHierarchy，并封装其纯虚函数 CreateFrame()、CreateMeshContainer()、DestroyFrame()、DestroyMeshContainer()。该类的声明如下：

```
class customAllocateHierarchy : public ID3DXAllocateHierarchy
{
    public:
        STDMETHOD(CreateFrame)(LPCSTR , LPD3DXFRAME *);
```

```cpp
        STDMETHOD(CreateMeshContainer)(
            LPCSTR ,
            CONST D3DXMESHDATA *,
            CONST D3DXMATERIAL *,
            CONST D3DXEFFECTINSTANCE *,
            DWORD NumMaterials,
            CONST DWORD *,
            LPD3DXSKININFO ,
            LPD3DXMESHCONTAINER *);
        STDMETHOD(DestroyFrame)(LPD3DXFRAME);
        STDMETHOD(DestroyMeshContainer)(LPD3DXMESHCONTAINER);

    public:
        std::string strPath;
};
```

函数 CreateFrame()用于初始化分层网格模型的每个骨骼节点结构类 LPD3DXFRAME 对象，包括骨骼的空间变换矩阵，含有骨骼、纹理、材质等数据的网格容器类对象指针，纹理的父子关系指针，骨骼名称等数据。该函数的定义如下：

```cpp
HRESULT customAllocateHierarchy::CreateFrame(LPCSTR strName, LPD3DXFRAME* ppNewFrame)
{
    MYD3DXFRAME*  pFrame = new MYD3DXFRAME;

    D3DXMatrixIdentity(&pFrame->TransformationMatrix);
    D3DXMatrixIdentity(&pFrame->CombinedMatrix);
    pFrame->pMeshContainer = NULL;
    pFrame->pFrameSibling = NULL;
    pFrame->pFrameFirstChild = NULL;
    pFrame->Name = MakeString(strName);
    *ppNewFrame = pFrame;

    return D3D_OK;
}
```

网格模型创建函数 CreateMeshContainer()的主要功能是创建一个网格容器类指针 pContainer，根据带有骨骼动画 XFile 文件的各个参数，加载网格和骨骼的各种缓存数据。该函数的定义如下：

```cpp
HRESULT customAllocateHierarchy::CreateMeshContainer(LPCSTR strName,
        CONST D3DXMESHDATA *      pMeshData,
        CONST D3DXMATERIAL *      pMaterials,
        CONST D3DXEFFECTINSTANCE *   pEffectInstances,
        DWORD                     dwNumMaterials,
        CONST DWORD *             pAdjacency,
        LPD3DXSKININFO            pSkinInfo,
        LPD3DXMESHCONTAINER *     ppNewMeshContainer)
{
    LPDIRECT3DDEVICE9 pd3dDevice = NULL;
    pMeshData->pMesh->GetDevice(&pd3dDevice);

    MYD3DXMESHCONTAINER *pContainer = new MYD3DXMESHCONTAINER();
    ZeroMemory(pContainer, sizeof(MYD3DXMESHCONTAINER));

    pContainer->Name = MakeString(strName);

    *ppNewMeshContainer = pContainer;

    pContainer->NumMaterials = dwNumMaterials;
    pContainer->pMaterials = new D3DXMATERIAL[dwNumMaterials];
    pContainer->pSkinInfo = NULL;
    pContainer->vecTextures.resize(dwNumMaterials);

    for(unsigned int i=0;i<dwNumMaterials;i++)
    {
        pContainer->pMaterials[i].MatD3D = pMaterials[i].MatD3D;
        pContainer->pMaterials[i].MatD3D.Ambient = pMaterials[i].MatD3D.Diffuse;
        pContainer->pMaterials[i].pTextureFilename = MakeString(pMaterials[i].pTextureFilename);
        if(pContainer->pMaterials[i].pTextureFilename != NULL &&
            strlen(pContainer->pMaterials[i].pTextureFilename) > 0 )
        {
            std::string fileName = _bstr_t(pContainer->pMaterials[i].pTextureFilename);
            std::string texFileName = strPath.c_str();
                texFileName.append(fileName.c_str());

            D3DXCreateTextureFromFile(pd3dDevice,texFileName.c_str(),&pContainer->vecTextures[i]);
        }
```

```cpp
        else
            pContainer->vecTextures[i] = NULL;
}

    pContainer->pEffects = NULL;

    pMeshData->pMesh->CloneMeshFVF( pMeshData->pMesh->GetOptions(),
        CustomMeshVertex::FVF ,pd3dDevice, &pContainer->MeshData.pMesh );

    LPD3DXMESH pMesh = pContainer->MeshData.pMesh;
    LPDIRECT3DVERTEXBUFFER9 pMeshVertexBuffer;
    pMesh->GetVertexBuffer(&pMeshVertexBuffer);
    CustomMeshVertex *pMeshVertices;
    pMeshVertexBuffer->Lock(0,0,(void **)&pMeshVertices, 0);
    for(unsigned int j = 0; j < (unsigned int)pMesh->GetNumVertices(); j++)
    {
        CustomMeshVertex *pVertex = &pMeshVertices[j];
    }

    pMeshVertexBuffer->Unlock();
    pMeshVertexBuffer->Release();

    DWORD dwNumFaces = pMeshData->pMesh->GetNumFaces();
    pContainer->pAdjacency = new DWORD[dwNumFaces*3];
    memcpy(pContainer->pAdjacency, pAdjacency, sizeof(DWORD) * dwNumFaces*3);

    pContainer->MeshData.Type = D3DXMESHTYPE_MESH;
    pContainer->pSkinInfo = pSkinInfo;

    pContainer->bSoftwareSkinning = true;

    if(pSkinInfo)
    {
        pSkinInfo->AddRef();
        pSkinInfo->SetFVF(pMesh->GetFVF());

        DWORD dwNumBones = pSkinInfo->GetNumBones();

        pContainer->pBoneOffsets = new D3DXMATRIX[dwNumBones];
        for (unsigned int i=0;i<dwNumBones;i++)
            pContainer->pBoneOffsets[i] = *(pContainer->pSkinInfo->GetBoneOffsetMatrix(i));
```

```cpp
pContainer->vecBonePointers.resize(dwNumBones);

pMesh->CloneMeshFVF(pMesh->GetOptions(),pMesh->GetFVF(),
    pd3dDevice, &pContainer->pOrigMesh);

DWORD dwNumMaxFaceInfl;
DWORD Flags = D3DXMESHOPT_VERTEXCACHE;

LPDIRECT3DINDEXBUFFER9 pIB;
pContainer->pOrigMesh->GetIndexBuffer(&pIB);

pContainer->pSkinInfo->GetMaxFaceInfluences(pIB,
    pContainer->pOrigMesh->GetNumFaces(), &dwNumMaxFaceInfl);
pIB->Release();

dwNumMaxFaceInfl = min((int)dwNumMaxFaceInfl, 12);

D3DCAPS9 d3dCaps;
pd3dDevice->GetDeviceCaps(&d3dCaps);

if (d3dCaps.MaxVertexBlendMatrixIndex + 1 < dwNumMaxFaceInfl ||
        d3dCaps.MaxVertexBlendMatrixIndex <= 0)
{
    pContainer->bSoftwareSkinning = true;
}
else
{
    pContainer->dwNumPaletteEntries =
        min((d3dCaps.MaxVertexBlendMatrixIndex + 1 ) / 2,
        pContainer->pSkinInfo->GetNumBones());

    Flags |= D3DXMESH_MANAGED;
}
}

if(!pSkinInfo || pContainer->bSoftwareSkinning)
{
    pMesh->GetAttributeTable(NULL, &pContainer->dwNumAttributeGroups);
    pContainer->pAttributeTable = new D3DXATTRIBUTERANGE[
```

```
                    pContainer->dwNumAttributeGroups];
            pMesh->GetAttributeTable(pContainer->pAttributeTable, NULL);
    }
            pMeshData->pMesh->AddRef();
            return D3D_OK;
    }
```

customAllocateHierarchy 类对象的函数是在 D3DXLoadMeshHierarchyFromX()函数内部自动调用的，因此，只需调用该函数即可调用分层结构模型接口对象的 CreateMeshContainer()函数，实现动画网格和骨骼等缓存数据的加载。

8.2.3 骨骼动画类 D3DXAnimation

我们定义了三维动画类 D3DXAnimation，用于加载、控制、渲染骨骼动画。它包含了基本的三维网格模型、网格容器、动画控制器、各个关节的空间变换矩阵等动画和运动过程数据。除调用基类的空间变换函数外，只需要调用 XFile 加载 CreateBuffer()、设置动画组 SetAnimation()、函数帧更新 Update()、渲染 Render()等函数，即可实现三维骨骼动画过程的大部分功能。

D3DXAnimation 类的声明如下：

```
class D3DXAnimation: public D3DObject
{
    public:
        D3DXAnimation();
        ~D3DXAnimation();
        bool CreateBuffer(IDirect3DDevice9* _device)    {return true;};
        bool CreateBuffer(IDirect3DDevice9* _device,
                    std::string _xfilename, std::string _path);
        void Unload();
        void Render(IDirect3DDevice9* _device);
        void DrawFrame(IDirect3DDevice9* _device, D3DXFRAME *pFrame);
        void DrawMeshContainer(IDirect3DDevice9* _device,
                        MYD3DXMESHCONTAINER *pContainer);
        void Update(float timeDelta);
        void SetAnimation(LPCSTR strName);
        void SetAnimation(int idxAnim);

    public:
        D3DXMATRIXA16                           m_matWorld;
```

```cpp
    bool                                m_bSkinned;
    float                               m_fRadius;
    D3DXVECTOR3                         m_vPivotPos;
    D3DXVECTOR3                         m_vBottomLeft, m_vTopRight;

private:
    LPD3DXMESH                          m_pMesh;
    D3DXMESHCONTAINER*                  m_pMeshContainer;
    LPD3DXFRAME                         m_pRootFrame;
    ID3DXAnimationController*           m_pAnimController;
    std::vector<LPD3DXANIMATIONSET>     m_vecAnimations;
    std::vector<D3DXMATRIX *>           m_vecCombinedTransforms;
    D3DXMATRIX*                         m_pFinalTransforms;
    DWORD                               m_dwMaxInfluences;
    DWORD                               m_dwNumMaterials;
    DWORD                               m_dwNumBones;
    D3DMATERIAL9*                       m_pMaterials;
    D3DMATERIAL9                        m_matColor;
    bool                                m_bColoredDraw;
    LPDIRECT3DTEXTURE9*                 m_imgTextures;
    D3DXVECTOR3                         m_vecSize;

    D3DXFRAME *GetFrameWithMesh(D3DXFRAME *pFrame);
    void SetupBoneMatrixPointers(D3DXFRAME *pFrame);
    void SetupBoneMatrixPointers(MYD3DXMESHCONTAINER *pContainer);
    void GenerateCombinedTransforms(MYD3DXFRAME *pFrame,
            D3DXMATRIX &matParent);
    void DrawMeshContainerSOFTWARE(IDirect3DDevice9* _device,
            MYD3DXMESHCONTAINER *pContainer);
    void DrawMeshContainerINDEXED(IDirect3DDevice9* _device,
            MYD3DXMESHCONTAINER *pContainer);

public:
    void renderNotSkin(IDirect3DDevice9* _device, LPD3DXFRAME frame);
};
```

实际应用中物体模型可能很多,都存储在项目目录下不便于管理,物体的纹理图片存储位置往往和对应的 XFile 文件在同一个路径下,因此,我们在创建缓存函数时增加了一个 XFile 文件路径变量，以便标识其纹理图片的相对路径。

使用 D3DXLoadMeshHierarchyFromX()加载分层结构模型后，我们利用 D3DXComputeBoundingSphere()和 D3DXComputeBoundingBox()函数计算物体的边界，以实现碰撞检测等功能。在优化网格后，加载动画控制器、纹理缓存以及材质，进而完成骨骼动画 XFile 文件的缓存加载。

D3DXAnimation 类的缓存加载函数 CreateBuffer()的定义如下：

```
bool D3DXAnimation::CreateBuffer(IDirect3DDevice9* _device, std::string _xfilename,
                                  std::string _path)
{
    customAllocateHierarchy allocateHierarchy;
    allocateHierarchy.strPath = _path;

    _path.append(_xfilename);
    if(FAILED( D3DXLoadMeshHierarchyFromX(_path.c_str(), D3DXMESH_MANAGED,_device,
                                & allocateHierarchy, NULL,
                                &m_pRootFrame,
                                & m_pAnimController)))
        return false;

    D3DXFRAME *pFrameWithMesh = GetFrameWithMesh(m_pRootFrame);
    if(!pFrameWithMesh)
        return false;

    m_pMeshContainer = pFrameWithMesh->pMeshContainer;
    if(m_pMeshContainer->pSkinInfo)
        m_bSkinned = true;
    else
        m_bSkinned = false;

    LPD3DXMESH pMesh = m_pMeshContainer->MeshData.pMesh;
    D3DXWELDEPSILONS Epsilons;

    BYTE* v = 0;
    pMesh->LockVertexBuffer( 0, (void**)&v );
    D3DXComputeBoundingSphere( (D3DXVECTOR3*)v, pMesh->GetNumVertices(),
                        D3DXGetFVFVertexSize(pMesh->GetFVF()),
                        &m_vPivotPos, &m_fRadius );
```

```
D3DXComputeBoundingBox((D3DXVECTOR3 *)v, pMesh->GetNumVertices(),
                D3DXGetFVFVertexSize(pMesh->GetFVF()),
                &m_vBottomLeft, &m_vTopRight);

m_vecSize.y = fabs(m_vTopRight.y - m_vBottomLeft.y);
m_vecSize.x = fabs(m_vTopRight.x - m_vBottomLeft.x);
m_vecSize.z = fabs(m_vTopRight.z - m_vBottomLeft.z);

pMesh->UnlockVertexBuffer();

LPDIRECT3DVERTEXBUFFER9 pMeshVertexBuffer;
pMesh->GetVertexBuffer(&pMeshVertexBuffer);
customMeshVertex *pMeshVertices;
pMeshVertexBuffer->Lock(0,0,(void **)&pMeshVertices, 0);
if(!m_bSkinned)
{
    for(unsigned int j = 0; j < (unsigned int)pMesh->GetNumVertices(); j++)
    {
        CustomMeshVertex *pVertex = &pMeshVertices[j];
        D3DXVec3TransformCoord (&pVertex->position,
                        &pVertex->position,
                        &pFrameWithMesh->TransformationMatrix);
    }
}
pMeshVertexBuffer->Unlock();
pMeshVertexBuffer->Release();

if(!m_bSkinned)
{
    memset(&Epsilons, 0, sizeof(D3DXWELDEPSILONS));
    D3DXWeldVertices( pMesh, 0, &Epsilons,
                (DWORD*)m_pMeshContainer->pAdjacency,
                (DWORD*)m_pMeshContainer->pAdjacency,
                NULL, NULL );
}

SAFE_RELEASE(m_pMesh);

if(!m_bSkinned)
{
```

```cpp
        int iNumFaces = 0;
        iNumFaces = (int)(pMesh->GetNumFaces()*.25);

        if(iNumFaces>0)
        {
            D3DXSimplifyMesh (pMesh,m_pMeshContainer->pAdjacency,NULL,
                        NULL,iNumFaces,D3DXMESHSIMP_FACE,&pMesh);

            pMesh->GenerateAdjacency(0,m_pMeshContainer->pAdjacency);
        }

        D3DXComputeNormals(pMesh, (DWORD*)m_pMeshContainer->pAdjacency);
    }

    if(m_bSkinned)
    {
        m_dwNumBones = 0;
        SetupBoneMatrixPointers(m_pRootFrame);

        int iNumAnimations = m_pAnimController->GetNumAnimationSets();
        m_vecAnimations.resize(iNumAnimations);
        for(int i=0; i<iNumAnimations; i++)
        {
            LPD3DXANIMATIONSET pAnim;
            m_pAnimController->GetAnimationSet(i,&pAnim);
            m_vecAnimations[i] = pAnim;
        }
    }
    else
    {
        m_pMesh = pMesh;
        m_pMesh->AddRef();
    }

    m_dwNumMaterials = m_pMeshContainer->NumMaterials;
    m_pMaterials = new D3DMATERIAL9[m_dwNumMaterials];
    m_imgTextures = new LPDIRECT3DTEXTURE9[m_dwNumMaterials];

    for(DWORD i=0;i<m_dwNumMaterials;i++)
    {
```

```cpp
        m_pMaterials[i] = m_pMeshContainer->pMaterials[i].MatD3D;
        m_pMaterials[i].Ambient = m_pMaterials[i].Diffuse;
        m_imgTextures[i] = NULL;
        if( m_pMeshContainer->pMaterials[i].pTextureFilename != NULL &&
            strlen(m_pMeshContainer->pMaterials[i].pTextureFilename) > 0)
        {
            m_imgTextures[i] = ((MYD3DXMESHCONTAINER *) m_pMeshContainer)->vecTextures[i];
        }
    }
    m_matColor.Ambient = m_pMaterials[0].Ambient;
    m_matColor.Diffuse = m_pMaterials[0].Diffuse;
    m_matColor.Emissive = m_pMaterials[0].Emissive;
    m_matColor.Power = m_pMaterials[0].Power;
    m_matColor.Specular = m_pMaterials[0].Specular;

    return true;
}
```

在 3ds Max 导出 XFile 文件时,可以将动画划分为多个组,每个组都有一个索引值和一个字符型名字,在程序中可以通过指定组索引值选择动画组。我们通过如下的 SetAnimation()函数实现动画组的选择功能:

```cpp
void D3DXAnimation::SetAnimation(int idxAnim)
{
    if(!m_bSkinned || !m_pAnimController)
        return;
    if(idxAnim<0||(unsigned int)idxAnim>=m_vecAnimations.size()||m_vecAnimations.size()==0)
        return;

    LPD3DXANIMATIONSET pAnim = (LPD3DXANIMATIONSET)m_vecAnimations[idxAnim];
    m_pAnimController->SetTrackAnimationSet(0,pAnim);

    m_pAnimController->ResetTime();
    m_pAnimController->SetTrackPosition(0,0);
}
```

系统帧间时间差决定动画的播放间隔,从而使动画在不同电脑上播放速度一致。动画的帧间过渡通过如下的 Update()函数实现:

```cpp
void D3DXAnimation::Update(float timeDelta)
{
    if(!m_bSkinned || !m_pAnimController)
```

				return;
			GenerateCombinedTransforms((MYD3DXFRAME *)m_pRootFrame, m_matWorld);
			m_pAnimController->SetTrackSpeed(0, 1.0f);
			m_pAnimController->AdvanceTime(timeDelta,NULL);
		}

三维蒙皮动画的渲染函数 Render()是通过调用如下 DrawFrame()函数实现的：
		void D3DXAnimation::DrawFrame(IDirect3DDevice9* _device, D3DXFRAME* pFrame)
		{
			D3DXMESHCONTAINER* pContainer =
				static_cast<D3DXMESHCONTAINER *>(pFrame->pMeshContainer);

			while (pContainer != NULL)
			{
				DrawMeshContainer(_device, static_cast<MYD3DXMESHCONTAINER*>
					(pFrame->pMeshContainer));
				pContainer = pContainer->pNextMeshContainer;
			}

			if (pFrame->pFrameSibling != NULL)
				DrawFrame(_device, pFrame->pFrameSibling);

			if (pFrame->pFrameFirstChild != NULL)
				DrawFrame(_device, pFrame->pFrameFirstChild);
		}

该函数是通过遍历各个骨骼子节点的网格容器实现的。

8.2.4 骨骼动画实例

本节利用骨骼动画类 D3DXAnimation 的类对象实现图 8.2 所示的人体骨骼动画模型的 XFile 文件加载、控制和渲染。

人物动画 XFile 文件是在初始化函数 MyD3D::Initialize()中加载的，相关代码如下：
		character.CreateBuffer(p_Device, "boy_panda.X", "./Data/");
		character.SetAnimation(ANIM_IDLE);

其中，"./Data/"指明该文件存储位置为项目路径下的 Data 文件夹下；XFile 文件的名称为 boy_panda.X。

图 8.2 D3DXAnimation 类的应用案例渲染结果

人物的动作和动画控制是在 MyD3D::FrameMove() 函数中调用的，相关代码如下：

```
enum BOY_ANIMATION {ANIM_IDLE = 0, ANIM_WALK };
void MyD3D::FrameMove(float timeDelta)
{
    static int pre_motion_state = ANIM_IDLE;
    int cur_motion_state = ANIM_IDLE;
    float _speed = 20.0f;
    if( GetAsyncKeyState(VK_UP) & 0x8000 )
    {
        character.v_Translate += D3DXVECTOR3(0.0f, 0.0f, _speed * timeDelta);
        character.SetTranslation(character.v_Translate);
        character.v_Rotate = D3DXVECTOR3(0.0f, D3DX_PI * 1.0f, 0.0f);
        character.SetRotation(character.v_Rotate);
        cur_motion_state = ANIM_WALK;
    }
    if( GetAsyncKeyState(VK_DOWN) & 0x8000 )
    {
        character.v_Translate -= D3DXVECTOR3(0.0f, 0.0f, _speed * timeDelta);
        character.SetTranslation(character.v_Translate);
        character.v_Rotate = D3DXVECTOR3(0.0f, D3DX_PI * 0.0f, 0.0f);
        character.SetRotation(character.v_Rotate);
        cur_motion_state = ANIM_WALK;
```

```
        }
        if( GetAsyncKeyState(VK_LEFT) & 0x8000 )
        {
            character.v_Translate -= D3DXVECTOR3(_speed* timeDelta, 0.0f, 0.0f);
            character.SetTranslation(character.v_Translate);
            character.v_Rotate = D3DXVECTOR3(0.0f, D3DX_PI * 0.5f, 0.0f);
            character.SetRotation(character.v_Rotate);
            cur_motion_state = ANIM_WALK;
        }
        if( GetAsyncKeyState(VK_RIGHT) & 0x8000 )
        {
            character.v_Translate += D3DXVECTOR3(_speed * timeDelta, 0.0f, 0.0f);
            character.SetTranslation(character.v_Translate);
            character.v_Rotate = D3DXVECTOR3(0.0f, D3DX_PI * 1.5f, 0.0f);
            character.SetRotation(character.v_Rotate);
            cur_motion_state = ANIM_WALK;
        }

        if (cur_motion_state != pre_motion_state)
            character.SetAnimation(cur_motion_state);

        pre_motion_state = cur_motion_state;
        character.Update(timeDelta);
    }
```

根据 XFile 文件导出时的设置，动作划分为 Idel 和 Walk 两组。在加载过程中，其动作组的索引值分别设定为 0 和 1，因此在动作枚举类型 BOY_ANIMATION 中对两个动作进行宏定义，以便在 character.SetAnimation() 函数中选择不同的人体动作，并通过 character.Update() 函数执行动画的逐帧变化。

人物的渲染是在 MyD3D:: Render() 函数中调用的，相关代码如下：

```
    bool MyD3D::Render()
    {
        if( p_Device )
        {
            p_Device->Clear(0, 0, D3DCLEAR_TARGET | D3DCLEAR_ZBUFFER, 0xffffffff, 1.0f, 0);
            p_Device->BeginScene();
            p_Device->SetRenderState( D3DRS_ALPHABLENDENABLE, TRUE );
```

```
            character.Render(p_Device);
            p_Device->SetRenderState( D3DRS_ALPHABLENDENABLE,FALSE );
            p_Device->EndScene();
            p_Device->Present(0, 0, 0, 0);
        }
        return true;
    }
```

由于人体的纹理和材质具有 Alpha 通道，因此在渲染时需要将 Alpha 渲染状态打开。

第 9 章 使用 DirectX 绘制文字

DirectX 除了能够渲染各式各样的图像外，还可以在三维场景中绘制文字，用来显示一些需要的信息——比如我们经常关心的场景绘制时的帧率，或者一些必要的帮助信息。此外，有时我们也希望用带有 3D 效果的文字实现一些效果。本章我们就来学习如何在 D3D 中创建并绘制二维文字和三维文字。

9.1 二维文字的绘制

本节我们将介绍如何在 D3D 中创建二维文字并将实时渲染帧率显示到屏幕上。

9.1.1 文字的创建

二维文字是相当常用的一种文本，DirectX 也为我们提供了有关的接口 ID3DXFont。想要使用它，首先需要声明一个该类型的指针：

```
ID3DXFont*          id3d_font;
```

然后在相应的初始化函数里创建这个对象。不过，在此之前需要填充 D3DXFONT_DESC 结构体，这个结构体定义了一些与字体有关的参数。该结构体包含的成员如下：

```
typedef struct D3DXFONT_DESC {
    INT     Height;
    UINT    Width;
    UINT    Weight;
    UINT    MipLevels;
    BOOL    Italic;
    BYTE    CharSet;
    BYTE    OutputPrecision;
    BYTE    Quality;
    BYTE    PitchAndFamily;
    TCHAR   FaceName;} D3DXFONT_DESC, *LPD3DXFONT_DESC;
```

各个成员的说明如下：
- Height：整型，文字的高度。
- Width：无符号整型，文字的宽度。
- Weight：无符号整型，文字的粗细，取值为 0~1000。
- MipLevels：mip 级别，设置成 D3DX_DEFAULT 或 0 时会自动创建一套完整的 mipmap 链。
- Italic：布尔型，设成 true 时文字会倾斜。
- CharSet：字符集。
- OutputPrecision：字节型，这个变量指定输出与期望的字体、文字宽高、文字方向等的接近程度。
- Quality：字节型，输出质量。数值越大质量越好。
- PitchAndFamily：文字的外观。
- FaceName：文字字体字符串，总长不得超过 32 个字符。如果是空字符串，系统会自动匹配与其他属性相符的第一种字体。

填充这个结构体时，按照习惯在填充之前要将结构体内所有的成员的值设置为 0。需要注意：最后一个成员 FaceName 不能用等号直接赋值，所以要将字体字符串拷贝进去。填充的具体代码如下：

```
D3DXFONT_DESC df;
ZeroMemory(&df, sizeof(D3DXFONT_DESC));
df.Height = 30;
df.Width = 12;
df.Weight = 0;
df.MipLevels = D3DX_DEFAULT;
df.Italic = false;
df.CharSet = DEFAULT_CHARSET;
df.OutputPrecision = 0;
df.Quality = 0xffffffff;
df.PitchAndFamily = 0;
strcpy_s(df.FaceName, "TIMES NEW ROMAN");
```

填充好结构体后就可以通过 D3DXCreateFontIndirect()函数创建 ID3DXFont 对象了。D3DXCreateFontIndirect()函数的定义如下：

```
HRESULT D3DXCreateFontIndirect(
    LPDIRECT3DDEVICE9    pDevice,
    const D3DXFONT_DESC* pDesc,
    LPD3DXFONT*          ppFont
);
```

该函数的参数说明如下：
- pDevice：指向 D3D 设备的指针。
- pDesc：指向 D3DXFONT_DESC 结构体的指针。
- ppFont：指向 LPD3DXFONT 指针的指针。

如果对象创建成功就不会返回 false，程序会继续执行其他初始化代码：

```
if(FAILED(D3DXCreateFontIndirect(_device, &df, &id3d_font)))
    return false;
```

9.1.2 文字的绘制

成功创建 ID3DXFont 对象后就可以开始绘制了。和其他需要在 D3D 中显示的东西一样，显示文字的代码也必须出现在 BeginScene()和 EndScene()两个函数之间，DirectX 也提供了绘制文字的函数 DrawText()。DrawText()函数的定义如下：

```
INT DrawText(
    LPD3DXSPRITE    pSprite,
    LPCTSTR         pString,
    INT             Count,
    LPRECT          pRect,
    DWORD           Format,
    D3DCOLOR        Color
);
```

该函数的参数说明如下：
- pSprite：指向 ID3DXSprite 的指针，可以设置为 NULL。
- pString：要显示的文字。
- Count：字符串的长度，即字符串包含多少个字符。如果取值为–1，那么 lpchText 必须以 '\0' 结尾。
- pRect：指向 RECT 的指针，这个矩阵告诉程序文字会在哪片区域显示。
- format：文本对齐方式，可以是下列值中的一个或几个：
  ➤ DT_BOTTOM——将文字放到区域的底端。只能在设定了参数 DT_SINGLELINE 时使用。
  ➤ DT_TOP——将文字放到区域顶部。
  ➤ DT_RIGHT——文字右对齐。
  ➤ DT_LEFT——文字左对齐。
  ➤ DT_SINGLELINE——单行显示文字。
  ➤ DT_CENTER——将文字水平居中放置，只能在设定了参数 DT_SINGLELINE 时使用。
  ➤ DT_VCENTER——将文字垂直居中放置，只能在设定了参数 DT_SINGLELINE 时使用。

➢ DT_CALCRECT——矩形区域的宽度和高度。

➢ DT_EXPANDTABS——扩展制表符。不可与 DT_WORD_ELLIPSIS、DT_PATH_ELLIPSIS、DT_END_ELLIPSIS 一起使用。

➢ DT_NOCLIP——绘制时没有裁切。(使用这个参数时函数运行起来会快一点。)

➢ DT_WORDBREAK——打断文本,即当单词超出区域边缘时换行。

➢ DT_RTLREADING——将文字阅读顺序调整为从右往左。

• Color:文字的颜色。

接下来看看怎么使用这个函数。首先我们需要定义一个 RECT 矩阵:

```
RECT rect_ifont = { 50, 50, SCREEN_WIDTH, SCREEN_HEIGHT };
```

接着在场景渲染部分调用 DrawText()函数:

```
p_Device->BeginScene();
id3d_font->DrawText(NULL, FPSString, -1,&rect_ifont, DT_TOP | DT_LEFT, 0xff000000);
p_Device->EndScene();
```

然后设定文字的颜色为黑色,不透明度为 100%。最后为了计算绘制帧率,我们还需要编写下面的代码:

```
FrameCnt++;
TimeElapsed += timeDelta;
if(TimeElapsed >= 1.0f)
{
    FPS = (float)FrameCnt / TimeElapsed;
    sprintf(FPSString, "%f", FPS);
    FPSString[8] = '\0';
    TimeElapsed = 0.0f;
    FrameCnt = 0;
}
```

我们在例子里利用 D3D 自带的网格绘制了一个茶壶,并让茶壶原地旋转,在坐标(50,50)处显示当前帧率。图 9.1 所示是效果图。

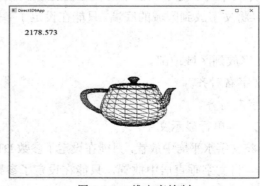

图 9.1 二维文字绘制

9.1.3 字体类的封装

和之前的介绍一样,我们也将字体显示功能单独封装到一个类中,这个类在例子中的 Font.h 文件里。我们将创建字体所需的 ID3DXFont 指针和显示文字所需的矩形区域 rect_ifont 都放进类的私有成员中,并给设置显示区域留出接口 SetRECT()。Render()函数负责绘制文字,只要把字符串传入就好。每个函数具体的代码可以在 Font.cpp 中看到。

```
#ifndef __FONT_H__
#define __FONT_H__

#include "D3DUT.h"

class Font2DObject
{
public:
    Font2DObject();
    ~Font2DObject();

    bool CreateBuffer(IDirect3DDevice9* _device);
    void Render(IDirect3DDevice9* _device, float timeDelta);
    void Render(IDirect3DDevice9* _device);
    void Release();

private:
    ID3DXFont*      id3d_font;
    DWORD           FrameCnt;
    float           TimeElapsed;
    float           FPS;
    char            FPSString[9];
protected:
};
#endif
```

9.1.4 显示中文

如果你的电脑设置的地区是中国,那么创建字体时设置的字符集 DEFAULT_CHARSET 中就已经包含了中文字符集;如果地区不是中国,那就需要换成中文字符集。所有支持的字符集应该可以在官方文档中找到,或者在 VS 中双击选中 DEFAULT_CHARSET,右键转到定义,也可以看到支持的字符集。

确认字符集正确后，我们需要声明一个字符数组存放中文，并将这个数组的结尾变成 '\0'，之后的步骤和显示帧率时一样。比如我们想要显示中文"你好"：

```
char chinese[7];
sprintf(chinese, "%s","你好");
chinese[6] = '\0';
id3d_font->DrawText(NULL, chinese, -1,&rect_ifont, DT_TOP| DT_LEFT, 0xff000000);
```

运行结果如图 9.2 所示。

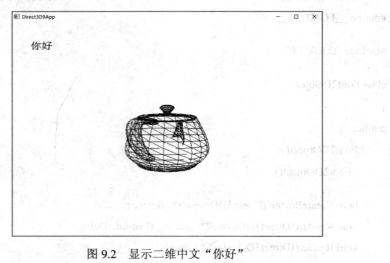

图 9.2　显示二维中文"你好"

9.2　三维文字的绘制

本节介绍具有三维效果的文字的绘制。

9.2.1　文字的创建及绘制

不同于二维文字，三维文字并不是单纯的文本信息。为了让文字具有三维效果并且能进行空间变换，需要使用 ID3DXMesh 来存放文字。因此，需要先声明一个 ID3DXMesh 指针：

```
ID3DXMesh*    _text;
```

然后，需要像二维文字那样填充一个结构体，告诉电脑我们需要什么样的文字。此处我们要填充的是名叫 LOGFONT 的结构体：

```
typedef struct tagLOGFONT {
    LONG lfHeight;
    LONG lfWidth;
    LONG lfEscapement;
    LONG lfOrientation;
```

第 9 章 使用 DirectX 绘制文字

```
        LONG lfWeight;
        BYTE lfItalic;
        BYTE lfUnderline;
        BYTE lfStrikeOut;
        BYTE lfCharSet;
        BYTE lfOutPrecision;
        BYTE lfClipPrecision;
        BYTE lfQuality;
        BYTE lfPitchAndFamily;
        TCHAR lfFaceName[LF_FACESIZE];
} LOGFONT;
```

如果和上一节的 D3DXFONT_DESC 比较,就会发现两者有很多相同的成员变量,对这些相同的成员变量,我们不再解释其含义。其他变量的说明如下:

- lfEscapement 和 lfOrientation:这两个量要设置成相同的值。前者决定了卡子向量——一个与文字行基线平行的向量,是与 X 轴方向的夹角,后者决定了单个文字基线与 X 轴的夹角。单位都是度。
- lfUnderline 和 lfStrikeOut:文字是否有下划线或者删除线。
- lfClipPrecision:裁切精度,可以是下面取值中的一个或多个:
  ➢ CLIP_DEFAULT_PRECIS——默认精度。
  ➢ CLIP_CHARACTER_PRECIS——不使用。
  ➢ CLIP_STROKE_PRECIS——不会被文字匹配使用,但当一些字体被使用时会有返回值。

如果对上一节中 D3DXFONT_DESC 结构体里的某些变量取值不明确,可以在 https://docs.microsoft.com/en-us/previous-versions/windows/embedded/ms900730(v=msdn.10) 页面,也就是 LOGFONT 结构体的帮助文档上找到具体取值。

下面是一个填充 LOGFONT 结构体的例子:

```
LOGFONT lf;
ZeroMemory(&lf, sizeof(LOGFONT));

lf.lfHeight = 25;
lf.lfWidth = 12;
lf.lfEscapement = 0;
lf.lfOrientation = 0;
lf.lfWeight = 500;
lf.lfItalic = false;
lf.lfUnderline = false;
```

lf.lfStrikeOut = false;

lf.lfCharSet = DEFAULT_CHARSET;

lf.lfOutPrecision = 0;

lf.lfClipPrecision = 0;

lf.lfQuality = 0;

lf.lfPitchAndFamily = 0;

strcpy(lf.lfFaceName, "Times New Roman");

填充好结构体，我们还不能直接创建文字，而是需要声明一个 HFONT 变量，再利用 CreateFontIndirectA()函数创建一个字体：

HFONT CreateFontIndirectA(CONST LOGFONTA * lplf);

该函数唯一的传入参数是一个指向 LOGFONT 结构体的指针，这里传进先前填好的结构体就行：

hFont = CreateFontIndirect(&lf);

接着，我们要创建设备环境句柄 hdc：

HDC hdc = CreateCompatibleDC(0);

创建成功之后通过 SelectObject()函数选择 hFont 并保存到另一个 HFONT 类型的变量里：

hFontOld = (HFONT)SelectObject(hdc, hFont);

现在我们可以根据选定的 hdc 和先前的网格，调用 D3DXCreateText()函数创建文字了。D3DXCreateText()函数的定义如下：

HRESULT D3DXCreateText(
    LPDIRECT3DDEVICE9   pDevice,
    HDC   hDC,
    LPCTSTR   pText,
    FLOAT   Deviation,
    FLOAT   Extrusion,
    LPD3DXMESH*   ppMesh,
    LPD3DXBUFFER*   ppAdjacency,
    LPGLYPHMETRICSFLOAT   pGlyphMetrics
);

该函数各个参数的说明如下：

- pDevice：指向 D3D 设备的指针。
- hDC：设备环境。
- pText：要显示的文字。
- Deviation：与 TrueType 字体轮廓的最大弦偏差。
- Extrusion：向 Z 轴负方向挤出文字的量。
- ppMesh：指向 ID3DXMesh 的指针。

第 9 章 使用 DirectX 绘制文字

- ppAdjacency：包含邻接信息的缓冲区指针，可以是 NULL。
- pGlyphMetrics：指向一个包含文字度量的数据数组 GLYPHMETRICSFLOAT 的指针。如果不关心文字大小，可将之设成 NULL。

了解了各个参数，接下来就看看怎么使用它们吧。这里我们只需要把之前创建好的设备指针、设备环境和网格都传进来，再打上一段想要显示的文字，设置一下其他参数就大功告成了。例如：

　　　　D3DXCreateText(_device, hdc, "Direct3D", 0.001f, 0.4f, &_text, 0, 0);

显示三维文字的最后一步就是让程序像渲染普通网格一样渲染它。在 BeginScene()和 EndSecene()之间插入如下渲染代码就行了：

　　　　_device->SetRenderState(D3DRS_FILLMODE, D3DFILL_SOLID);

　　　　_device->SetRenderState(D3DRS_CULLMODE, D3DCULL_CCW);

　　　　_text->DrawSubset(0);

图 9.3 所示是这段代码运行的结果(为了截图效果，我们暂时关闭了文字的旋转功能，但你可以亲自运行一下看看效果。你会发现，可以清楚地看到"Direct3D"是有立体效果的)。

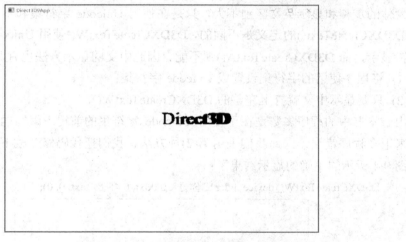

图 9.3　三维文字显示

9.2.2　字体类的封装

由于需要旋转，Font 类继承了公有 D3DObject 类，但增加了一些绘制文字所需的变量，将父类中渲染和创建缓冲区的虚函数加以实现。

具体代码如下：

```
class Font : public D3DObject
{
public:
    Font();
    ~Font();
```

```
        bool    CreateBuffer(IDirect3DDevice9* _device);
        void    Render(IDirect3DDevice9* _device);

    private:
        ID3DXMesh* _text;
};
```

其中，CreateBuffer()函数用于完成字体设置工作；Render()函数负责字体的绘制，我们要在 MyD3D::Render()中调用它。

9.2.3 显示中文

虽然英文几乎可以被所有电脑识别，但母语是中文的我们有时候希望界面上能够显示中文，这样看起来更舒服的同时也能让英文不好的人一眼明白文字的意思。当涉及三维文字时很可能是艺术字，要是不能用中文多少有些不方便。本小节我们就来看看如何让中文出现在屏幕上。

大体的步骤和显示英文区别不大，只是在使用 Unicode 字符集和不使用 Unicode 字符集时 D3DXCreateText()的定义是不同的，D3DXCreateTextW()使用 Unicode 字符集，支持中文字符显示，而 D3DXCreateTextA()则不能。因此中文的显示方法也有两种：

(1) 将程序使用的字符集设置成 Unicode 字符集；
(2) 只要显示中文就打上完整的 D3DXCreateTextW()。

由于本书中的程序多数是在不使用 Unicode 字符集的前提下编写的，如果变更字符集会带来很多程序错误，因此我们采用第(2)种方法。我们把代码修改成下面的样子，就能看到如图 9.4 所示的正确的显示结果了：

```
D3DXCreateTextW(_device, hdc, L"你好", 0.001f, 0.4f, &_text, 0, 0);
```

图 9.4 中文三维字体显示

同样我们截图时没有让文字旋转起来。

第 10 章 自 由 摄 像 机

在之前的章节中我们已经通过 D3DXMatrixLookAtLH()函数计算出一个观察矩阵,并通过它看到屏幕上的绘制结果。但使用这种方法得到的摄像机移动起来很不方便,多数情况下我们会通过矩阵运算做一个虚拟摄像机。本章我们就要学习如何制作一个第一人称的自由摄像机。

10.1 自由摄像机类的设计

和之前的观察矩阵一样,自由摄像机也需要用向量来确定其在世界坐标系内的朝向以及位置信息。因此,除了上向量(Up Vector)、右向量(Right Vector)和观察向量(Look Vector)外,我们还需要一个位置向量(Position Vector)来记录摄像机在世界坐标系中的位置,涉及摄像机移动时只要改变位置向量即可。摄像机不仅需要能沿上向量、右向量和观察向量的方向进行移动,还应该可以分别绕上向量、右向量和观察向量所在轴进行旋转。这样,我们就可以得知这个摄像机类里需要什么函数以及成员变量了。下面的代码展示了这个摄像机类:

```
class Camera
{
public:
    Camera();
    ~Camera();

    void MoveRightVec(float speed);      // 向左向右平移
    void MoveUpVec(float speed);         // 向上向下平移
    void MoveLookVec(float speed);       // 向前向后平移

    void RotateRightVec(float angle);    // 摄像机视角左右旋转
    void RotateUpVec(float angle);       // 摄像机视角上下旋转
    void RotateLookVec(float angle);     // 摄像机视角沿视角方向旋转

    //更新摄像机的视图矩阵
```

```cpp
    void UpdataCameraMatrix(D3DXMATRIX* View);

    void SetPosition(D3DXVECTOR3* pos);
    void GetPosition(D3DXVECTOR3* pos);

    void GetRightVector(D3DXVECTOR3* right);
    void GetUpVector(D3DXVECTOR3* up);
    void GetLookVector(D3DXVECTOR3* look);

protected:

private:
    D3DXVECTOR3 _right;
    D3DXVECTOR3 _up;
    D3DXVECTOR3 _look;
    D3DXVECTOR3 _pos;
};
```

我们在摄像机类中将四个向量声明为私有成员，这样与摄像机位置有关的改变只能通过设定好的接口改变。

对于摄像机来说，还需要保证除了位置向量之外的三个向量是标准正交的三个向量，即上向量、右向量和观察向量三者应保证两两垂直且三个向量的模均为 1，这样三个向量在一起就可以组成一个标准正交矩阵。标准正交矩阵有一个很重要的性质：其逆矩阵和它的转置矩阵是相等的。这条性质会在摄像机旋转时起到很大作用。为了保证摄像机的三个向量在一开始就是标准正交的，我们需要在初始化时直接设置：

```cpp
_right = D3DXVECTOR3(1.0f, 0.0f, 0.0f);
_up = D3DXVECTOR3(0.0f, 1.0f, 0.0f);
look = D3DXVECTOR3(0.0f, 0.0f, 1.0f);
```

设计完类，接下来需要知道摄像机的观察矩阵如何计算。

10.2 观察矩阵的计算

在计算观察矩阵之前，有必要复习一下 DirectX 9 所提供的有关向量运算函数。
先来看看向量叉乘计算函数 D3DXVec3Cross()：

```cpp
D3DXVECTOR3* D3DXVec3Cross(
    D3DXVECTOR3* pOut,
    const D3DXVECTOR3* pV1,
    const D3DXVECTOR3* pV2
);
```

这个函数会计算 pV1 和 pV2 叉乘之后的结果,并将结果存进 pOut 里。计算出的 pOut 向量会同时垂直于 pV1 和 pV2。

然后看看向量标准化函数 D3DXVec3Normalize():

  D3DXVECTOR3* D3DXVec3Normalize(
    D3DXVECTOR3* pOut,
    const D3DXVECTOR3* pV
  );

向量标准化的计算结果放在 pOut 里。

上面提到的两个函数都有一个返回值,返回的结果和参数中的 pOut 一样,在实际使用时也可以不用接收返回值。

最后看看向量点乘函数 D3DXVec3Dot():

  FLOAT D3DXVec3Dot(
    const D3DXVECTOR3* pV1,
    const D3DXVECTOR3* pV2
  );

该函数返回一个浮点数,保存着两个向量 pV1 和 pV2 点乘的结果。

了解了向量计算的方法,接下来介绍观察矩阵计算方式。

在自由摄像机移动时,从摄像机看去物体的位置也会发生变化。计算观察矩阵实际上是解决以摄像机为坐标系中心时,世界坐标系里的物体坐标应如何表示这一问题。既然世界坐标系里的物体的位置要发生变化,最简单的方法就是将摄像机的坐标系和世界坐标系重合,这样摄像机里物体坐标的多种变化都可以视做该物体在世界坐标系里坐标的改变,省去了很多可能存在的复杂的数学计算。按照这个思路,自由摄像机的观察矩阵的计算步骤也就明显了:

(1) 将摄像机平移到世界坐标系原点;

(2) 旋转摄像机,使摄像机的右、上、观察三个向量分别与世界坐标系的 X、Y、Z 轴重合。

图 10.1 展示了从 Y 轴俯视这一变换过程的结果,其中图(a)到图(b)是平移摄像机,图(b)到图(c)是旋转摄像机。

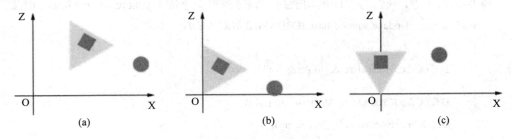

图 10.1 摄像机观察矩阵的变换

为了方便后面讲解，可以这样定义位置向量 **p**、右向量 **r**、上向量 **u** 和观察向量 **l**：

$$\mathbf{p} = [p_X, p_Y, p_Z]$$
$$\mathbf{r} = [r_X, r_Y, r_Z]$$
$$\mathbf{u} = [u_X, u_Y, u_Z]$$
$$\mathbf{l} = [l_X, l_Y, l_Z]$$

1. 平移

这一步很简单，只需要把摄像机移动到世界坐标系里的(0,0,0)点即可。如果已知摄像机的位置，可以利用平移矩阵 **T** 将摄像机挪到原点。

$$\mathbf{T} = \begin{bmatrix} 1 & 0 & 0 & 0 \\ 0 & 1 & 0 & 0 \\ 0 & 0 & 1 & 0 \\ -p_X & -p_Y & -p_Z & 1 \end{bmatrix}$$

2. 旋转

旋转的目的是将摄像机的三个坐标轴与坐标系的三个坐标轴重合，即

$$\mathbf{AB} = \begin{bmatrix} r_X & r_Y & r_Z \\ u_X & u_Y & u_Z \\ l_X & l_Y & l_Z \end{bmatrix} \begin{bmatrix} b_{11} & b_{12} & b_{13} \\ b_{21} & b_{22} & b_{23} \\ b_{31} & b_{32} & b_{33} \end{bmatrix} = \begin{bmatrix} 1 & 0 & 0 \\ 0 & 1 & 0 \\ 0 & 0 & 1 \end{bmatrix}$$

只要能求出矩阵 **B** 我们的工作就完成了。不难看出，矩阵 **B** 其实就是矩阵 **A** 的逆矩阵。如果使用常规解方程组的方法计算，将会很繁琐。考虑 **A** 正交矩阵的性质，根据性质：

$$\mathbf{B} = \mathbf{A}^{-1} = \mathbf{A}^T = \begin{bmatrix} r_X & u_X & l_X \\ r_Y & u_Y & l_Y \\ r_Z & u_Z & l_Z \end{bmatrix}$$

可以直接求出矩阵 **B**。

最后通过乘法运算把两个矩阵换成一个4阶齐次矩阵就得到了观察矩阵：

$$\mathbf{V} = \mathbf{TB} = \begin{bmatrix} r_X & u_X & l_X & 0 \\ r_Y & u_Y & l_Y & 0 \\ r_Z & u_Z & l_Z & 0 \\ -\mathbf{p} \cdot \mathbf{r} & -\mathbf{p} \cdot \mathbf{u} & -\mathbf{p} \cdot \mathbf{l} & 1 \end{bmatrix}$$

在本章的例子中，我们将上面的功能封装到摄像机类下的 UpdataCameraMatrix() 函数中：

```
void Camera::UpdataCameraMatrix(D3DXMATRIX* View)
{
    D3DXVec3Normalize(&_look, &_look);

    D3DXVec3Cross(&_up, &_look, &_right);
    D3DXVec3Normalize(&_up, &_up);
    D3DXVec3Cross(&_right, &_up, &_look);
```

```
        D3DXVec3Normalize(&_right, &_right);

        float x = -D3DXVec3Dot(&_right, &_pos);
        float y = -D3DXVec3Dot(&_up, &_pos);
        float z = -D3DXVec3Dot(&_look, &_pos);

        (*View)(0,0) = _right.x; (*View)(0, 1) = _up.x; (*View)(0, 2) = _look.x; (*View)(0, 3) = 0.0f;
        (*View)(1,0) = _right.y; (*View)(1, 1) = _up.y; (*View)(1, 2) = _look.y; (*View)(1, 3) = 0.0f;
        (*View)(2,0) = _right.z; (*View)(2, 1) = _up.z; (*View)(2, 2) = _look.z; (*View)(2, 3) = 0.0f;
        (*View)(3,0) = x; (*View)(3, 1) = y; (*View)(3, 2) = z; (*View)(3, 3) = 1.0f;
    }
```

由于摄像机是任意转动的，所以每次更新观察矩阵之前一定要保证右向量、上向量和观察向量标准正交。传入的参数是一个指向 D3DXMATRIX 的指针，也就是指向观察矩阵的指针，我们只需要将计算好的数值按照矩阵 V 的次序填到对应的位置上就可以了。完成这些工作并不代表观察矩阵已经可以使用了，还需要让设备知道要用这个矩阵观察世界。所以需要在 MyD3D::Render()函数中的场景绘制代码之前添加如下代码设置观察矩阵：

```
        D3DXMATRIX View;
        main_camera.UpdataCameraMatrix(&View);
        p_Device->SetTransform(D3DTS_VIEW, &View);
```

10.3 摄像机的移动

有了上一节内容的铺垫，就可以让我们的摄像机无论怎样移动都能在屏幕上看到东西——只要有。现在，我们该让摄像机动起来了。

为了让摄像机移动，需要让程序能够对键盘和鼠标输入做出反应。我们使用 Windows 自带的一些消息处理函数来响应键盘及鼠标事件。此处的例子中，与键盘事件有关的响应放在了 MyD3D::FrameMove()函数里。这里只列出与输入事件有关的代码：

```
        if( GetAsyncKeyState('W') & 0x8000f )
            main_camera.MoveLookVec(4.0f * timeDelta);

        if( GetAsyncKeyState('S') & 0x8000f )
            main_camera.MoveLookVec(-4.0f * timeDelta);

        if( GetAsyncKeyState('A') & 0x8000f )
            main_camera.MoveRightVec(-4.0f * timeDelta);

        if( GetAsyncKeyState('D') & 0x8000f )
```

```
        main_camera.MoveRightVec(4.0f * timeDelta);

    if( GetAsyncKeyState('R') & 0x8000f )
        main_camera.MoveUpVec(4.0f * timeDelta);

    if( GetAsyncKeyState('F') & 0x8000f )
        main_camera.MoveUpVec(-4.0f * timeDelta);

    if( GetAsyncKeyState(VK_UP) & 0x8000f )
        main_camera.RotateRightVec(1.0f * timeDelta);

    if( GetAsyncKeyState(VK_DOWN) & 0x8000f )
        main_camera.RotateRightVec(-1.0f * timeDelta);

    if( GetAsyncKeyState(VK_LEFT) & 0x8000f )
        main_camera.RotateUpVec(-1.0f * timeDelta);

    if( GetAsyncKeyState(VK_RIGHT) & 0x8000f )
        main_camera.RotateUpVec(1.0f * timeDelta);

    if( GetAsyncKeyState('E') & 0x8000f )
        main_camera.RotateLookVec(1.0f * timeDelta);

    if( GetAsyncKeyState('Q') & 0x8000f )
        main_camera.RotateLookVec(-1.0f * timeDelta);
```

W、A、S、D 键负责摄像机前、后、左、右移动，R、F 两个键可以让摄像机上、下移动，上、下方向键可以让摄像机俯、仰移动，左、右方向键可以让摄像机左、右旋转，Q、E 两键可以让摄像机横滚。

当然鼠标也可以控制摄像机的旋转，只要按住鼠标左键就可以让摄像机视角转动。这段代码被封装在 **MyD3D::HandleMessage()** 里：

```
LRESULT MyD3D::HandleMessages(HWND hWnd, UINT uMsg, WPARAM wParam, LPARAM lParam)
{
    int mouse_x = (int)LOWORD(lParam);
    int mouse_y = (int)HIWORD(lParam);
    switch( uMsg )
    {
    case WM_LBUTTONDOWN:
        {
            mLastMousePos.x = mouse_x;
```

```cpp
        mLastMousePos.y = mouse_y;

        SetCapture(mhMainWnd);
    }break;
    case WM_MOUSEMOVE:
    {
        if( (wParam & MK_LBUTTON) != 0 )
        {
            float dx = (3.14f / 180.0f)*(0.25f*static_cast<float>(mouse_x – mLastMousePos.x));
            float dy = (3.14f / 180.0f)*(0.25f*static_cast<float>(mouse_y – mLastMousePos.y));

            main_camera.RotateUpVec(dx);
            main_camera.RotateRightVec(dy);
        }

        mLastMousePos.x = mouse_x;
        mLastMousePos.y = mouse_y;
    }break;
    case WM_LBUTTONUP:
    {
        ReleaseCapture();
    }break;
}

return TRUE;
```

这里还有一个问题：摄像机的旋转并不全是沿世界坐标系的坐标轴旋转的，更多时候是沿着摄像机自己的坐标轴在旋转。虽然在之前的章节中我们已经介绍过了绕任意轴旋转的 D3DXMatrixRotationAxis()函数，但转过之后还需要坐标变换，这时就会用到 D3DXVec3TransformCoord()函数：

```
D3DXVECTOR3*  D3DXVec3TransformCoord(
    D3DXVECTOR3*  pOut,
    const D3DXVECTOR3*  pV,
    const D3DXMATRIX*  pM);
```

这个函数会将输入的向量 pV 根据输入矩阵 pM 进行变换，结果存进 pOut 中。与叉乘函数一样，该函数的返回值和 pOut 是相等的。

看完这些说明你可能对这个函数的用途还是一头雾水，下面我们就用例子中摄像机绕上向量旋转为例解答一下：

```cpp
void Camera::RotateUpVec(float angle)
{
    D3DXMATRIX T;

    D3DXMatrixRotationAxis(&T, &_up, angle);

    D3DXVec3TransformCoord(&_right,&_right, &T);
    D3DXVec3TransformCoord(&_look,&_look, &T);
}
```

首先声明矩阵 T，让矩阵绕上向量进行旋转得到新的矩阵。旋转完成后，摄像机的右向量和观察向量也需要跟着转动，但是不能随便转，而是要根据新的矩阵 T 发生改变，这个时候就是用 D3DXVec3TransformCoord() 函数完成这一目标。摄像机绕另外两个向量旋转的代码如下：

```cpp
void Camera::RotateRightVec(float angle)
{
    D3DXMATRIX T;
    D3DXMatrixRotationAxis(&T, &_right, angle);

    D3DXVec3TransformCoord(&_up,&_up, &T);
    D3DXVec3TransformCoord(&_look,&_look, &T);
}

void Camera::RotateLookVec(float angle)
{
    D3DXMATRIX T;
    D3DXMatrixRotationAxis(&T, &_look, angle);

    D3DXVec3TransformCoord(&_right,&_right, &T);
    D3DXVec3TransformCoord(&_up,&_up, &T);
}
```

摄像机的平移实现起来要比旋转简单多了，直接对位置向量在相应方向进行加减就可以了。下面的三个函数分别展示了摄像机沿观察向量、右向量和上向量移动的代码：

```cpp
void Camera::MoveLookVec(float speed)
{
    _pos += _look * speed;
}

void Camera::MoveRightVec(float speed)
{
```

```
            _pos += D3DXVECTOR3(_right.x, 0.0f, _right.z) * speed;
}

void Camera::MoveUpVec(float speed)
{
            _pos.y += speed;
}
```

至此，有关第一人称自由摄像机的内容全部介绍完了。最后放上一张程序运行的截图，如图 10.2 所示。

图 10.2　程序运行截图

第 11 章 Sprite

本书前面的内容大多围绕着如何在三维场景中渲染展开，然而有时我们希望能在三维场景中绘制一些二维图像，比如很多即时策略类游戏中的小地图。如果曾经学过 Direct2D 有关知识，很可能会想起 DirectDraw，但 DirectX 9 为我们提供了一个更好的选项——Sprite。

11.1 Sprite 简介

Sprite 可以使用户在 DirectX 9 中使用 Direct 3D 绘制 2D 图像。为了方便用户使用 Sprite，DirectX 提供了一系列与 Sprite 绘制有关的函数，这些函数可以通过接口 ID3DXSprite 实现。

11.2 Sprite 的创建与绘制

11.2.1 Sprite 的创建

Sprite 的创建十分简单，只需要先声明一个 ID3DXSprite*类型的变量，再调用函数 D3DXCreateSprite()就可以完成了。

D3DXCreateSprite()函数的原型如下：

```
HRESULT D3DXCreateSprite(
    LPDIRECT3DDEVICE9 pDevice,
    LPD3DXSPRITE*     ppSprite
);
```

其中，第一个参数 pDevice 是先前创建好的设备指针；第二个参数 ppSprite 是一个指向 ID3DXSprite*类型变量的指针。具体代码如下(假定设备指针已经成功创建)：

```
ID3DXSprite* _sprite;
D3DXCreateSprite(_device, &_sprite);
```

11.2.2 Sprite 的绘制

Sprite 的绘制步骤也相对简单，和绘制三维场景类似，也需要调用 Begin()和 End()函数通知计算机 Sprite 绘制的开始和结束。需要注意的是，Sprite 的 Begin()和 End()函数要出现在 BeginScene()和 EndScene()之间。接下来我们将介绍与绘制有关的具体内容。

先来了解 Begin()函数的原型：

```
HRESULT Begin(
    DWORD Flags
);
```

唯一的参数 Flags 有下列选择：

> D3DXSPRITE_ALPHABLEND——开启 Alpha 通道渲染。

> D3DXSPRITE_BILLBOARD——开启公告板功能，使得 Sprite 始终对着观察者，也就是说不论从哪个角度都只会看到正面。

> D3DXSPRITE_DONOTMODIFY_RENDERSTATE——使用这个标志后设备的渲染状态不会在 Begin()调用时发生改变。

> D3DXSPRITE_DONOTSAVESTATE——这个标志可以让设备的状态在 Begin()和 End()被调用时不发生改变。

> D3DXSPRITE_OBJECTSPACE——启用这个标志可以保证世界矩阵、观察矩阵和投影矩阵不发生变化，所有当前设置的空间变换仅在绘制 Sprite 时改变 Sprite 的空间位置。

> D3DXSPRITE_SORT_DEPTH_BACKTOFRONT——Sprite 绘制时依照深度由后到前的顺序进行。

> D3DXSPRITE_SORT_DEPTH_FRONTTOBACK——Sprite 绘制时会依照深度由前到后的顺序进行。

> D3DXSPRITE_SORT_TEXTURE——Sprite 依照纹理的优先级进行绘制。

End()函数原型如下(没有传进任何参数)：

```
HRESULT End();
```

有时还会在 End()之前调用一下 Flush()函数，以让设备的状态恢复到 Begin()调用之前的状态，同时将所有的 Sprite 强行提交给设备处理。Flush()也不需要任何参数，函数原型如下：

```
HRESULT Flush();
```

介绍完绘制的起止函数，接着要介绍绘制 Sprite 的函数 Draw()。该函数原型如下：

```
HRESULT Draw(
    LPDIRECT3DTEXTURE9      pTexture,
    const RECT*             pSrcRect,
    const D3DXVECTOR3*      pCenter,
    const D3DXVECTOR3*      pPosition,
```

```
    D3DCOLOR         Color
);
```

各个参数说明如下：
- pTexture：指向 IDirect3DTexture9 接口的指针，这里存放着 Sprite 的纹理。
- pSrcRect：指向 RECT 结构体的指针。这个结构体标明源图像中的哪一部分会被 Sprite 使用，如果传入 NULL 则表示这张图片将被使用。
- pCenter：指向 D3DXVECTOR3 的指针，定义了 Sprite 的中心点。如果设为 NULL，则默认中心点为左上角(0,0,0)点。从渲染结果看，这个值对 Sprite 位置的影响刚好与 pPosition 相反。
- pPosition：指向 D3DXVECTOR3 的指针，定义了 Sprite 的位置，准确地说是 pCenter 在窗口中的位置。如果设为 NULL，则表明位置将在左上角(0,0,0)点处。
- Color：这个值决定了颜色和 Alpha 通道的情况。设置为 0xffffffff 就可以保持纹理本身的颜色和不透明度。

下面的代码展示了 Sprite 的绘制：

```
p_Device->BeginScene();
_sprite->Begin(0);
_sprite->Draw(_tex, NULL, NULL, &D3DXVECTOR3(0.0f, 0.0f, 0.0f), 0xffffffff);
_sprite->End();
p_Device->EndScene();
```

前面我们已经创建好了一个纹理_tex。按照上面这段代码，Sprite 将出现在窗口的左上角，绘制结果如图 11.1 所示。

图 11.1　绘制结果

如果不想将整张图片都绘制出来，我们可以调整 Draw() 的第三个参数。函数接收向量后会在原图上取到相应坐标点，并以此坐标为图片的中心点。比如，我们将第三个参数设置成向量(50,50,0)就会看到如图 11.2 所示的结果。

图 11.2 设置向量(50,50,0)后的绘制结果

需要注意的是，图 11.2 中的纹理并没有被裁切，这是因为中心点的改变导致一部分纹理超出窗口范围没有被系统绘制出来，如果设置适当的 pPosition，将会看到完整的图片。

如果第三个参数传入的向量比图片的右下角坐标还大(比如 20*20 的图片却将向量设置成(30, 30, 0))，那么这张图片将不会被绘制出来。如果仍以上图为例，那么将只能看到一片绿色。

有时，仅仅挪动 Sprite 的位置可能无法满足要求，可能希望 Sprite 能够旋转或者当图片在场景中的尺寸不合适时能够进行缩放。这时只靠 Draw()函数就不够了，需要通过 SetTransform()函数来实现这些功能：

　　　　HRESULT SetTransform(
　　　　　　const D3DXMATRIX* pTransform
　　　　);

该函数只有一个传入参数，指向 D3DXMATRIX 的指针，指针指向的矩阵记录着 Sprite 在原始世界坐标下的变换，可以实现 Sprite 的平移、旋转和缩放。也就是说，只要想好 Sprite 如何变化，并将这些变化输入到一个矩阵里，再交给 SetTransform()函数就行了。由于 Sprite 是负责二维绘制的，因此在调用矩阵变换函数时要使用 D3DXMatrixTransformation2D()函数。该函数的原型如下：

　　　　D3DXMATRIX* D3DXMatrixTransformation2D(
　　　　　　D3DXMATRIX* pOut,
　　　　　　const D3DXVECTOR2* pScalingCenter,
　　　　　　FLOAT　　　　pScalingRotation,
　　　　　　const D3DXVECTOR2* pScaling,
　　　　　　const D3DXVECTOR2* pRotationCenter,
　　　　　　FLOAT　　　　Rotation,

```
            const D3DXVECTOR2* pTranslation
```
    );

各个参数的说明如下：
- pOut：存放变换结果的矩阵的指针，矩阵中存储的值与返回矩阵中的值相等。
- pScalingCenter：指向 D3DXVECTOR2 的指针，向量标明了缩放的中心点。
- pScalingRotation：缩放旋转因子。
- pScaling：指向 D3DXVECTOR2 的指针，定义缩放情况。若为 NULL 则取单位矩阵。
- pRotationCenter：指向 D3DXVECTOR2 的指针，定义了旋转中心。
- Rotation：旋转角度(弧度制)。
- pTranslation：指向 D3DXVECTOR2 的指针，记录着 Sprite 平移的情况。

有一点要注意：这个函数中的 pScalingCenter 和 pRotationCenter 都是指世界坐标系下的点。比如想让 Sprite 依照中心进行缩放或旋转，最好不用图片的宽、高各除 2 后得到的坐标当作变换中心点。

还用相同的图片，这次希望 Sprite 能够放大到原来的 1.5 倍，绕(0,0)点旋转 0.3 rad，向窗口下方、右方分别移动 50，缩放中心为(0, 0)。具体代码如下：

```
_sprite->Begin(0);
D3DXMatrixTransformation2D(& mat, &D3DXVECTOR2(0.0f,0.0f), 0.0f,
        & D3DXVECTOR2(1.5f,1.5f),& D3DXVECTOR2(0.0f, 0.0f), 0.3f,
        &D3DXVECTOR2(50.0f,50.0f));
_sprite->SetTransform(&mat);
_sprite->Draw(_tex, NULL,&D3DXVECTOR3(0,0,0),&D3DXVECTOR3(0.0f,0.0f, 0.0f), 0xffffffff);
_sprite->End();
```

运行结果如图 11.3 所示。

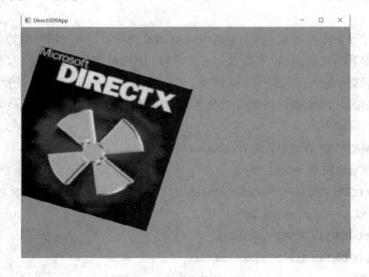

图 11.3　经过变换的 Sprite

11.3 MySprite 类设计

我们将与 Sprite 有关的代码封装到 MySprite 类:

```cpp
class MySprite
{
public:
    MySprite();
    ~MySprite();

    bool InitSprite(IDirect3DDevice9* _device);
    void Render(IDirect3DDevice9* _device);
    void Release();

private:
    ID3DXSprite* _sprite;
    IDirect3DTexture9* _tex;

protected:
};
```

Sprite 需要的纹理贴图_tex 也放到了类中。Render()函数负责 Sprite 的渲染, InitSprite() 函数负责创建 Sprite 并加载贴图, Release()函数负责资源释放。如果想将同一张贴图绘制在不同位置, 最好不要反复调用 InitSprite()函数创建多个 Sprite, 只要多次调用 Render()函数并根据需要传入不同的参数就行。具体代码如下:

```cpp
bool MySprite::InitSprite(IDirect3DDevice9* _device)
{
    if(FAILED(D3DXCreateSprite(_device, &_sprite)) ||
        FAILED(D3DXCreateTextureFromFile(_device, "DX.jpg", &_tex)))
        return false;

    return true;
}

void MySprite:: Render(IDirect3DDevice9* _device, D3DXVECTOR2 _scale,
                      D3DXVECTOR2 _translate, const float _rotate)
{
    D3DXMATRIX mat;
```

```cpp
        _sprite->Begin(0);
        D3DXMatrixTransformation2D(&mat, &D3DXVECTOR2(0.0f,0.0f), 0.0f, &_scale,
                         &D3DXVECTOR2(0.0f,0.0f), _rotate, &_translate);
        _sprite->SetTransform(&mat);
        _sprite->Draw(_tex, NULL, &D3DXVECTOR3(0,0,0), &D3DXVECTOR3(0.0f, 0.0f, 0.0f),
                0xffffffff);
        _sprite->End();
}

void MySprite::Release()
{
        _sprite->Release();
        _tex->Release();
}
```

然后需要在 MyD3D 类中声明一个 MySprite 的 m_sprite 对象，并在 Initialize() 函数中调用 InitSprite() 函数创建 Sprite。最后在 Render() 函数里进行绘制。具体代码如下：

```cpp
bool MyD3D::Render()
{
        if( p_Device )
        {
                p_Device->Clear(0, 0, D3DCLEAR_TARGET|D3DCLEAR_ZBUFFER, 0xff00ff00, 1.0f, 0);
                p_Device->BeginScene();
                m_sprite.Render(p_Device);
                p_Device->EndScene();
                p_Device->Present(0, 0, 0, 0);
        }
        return true;
}
```

至此有关 Sprite 的内容就结束了，不过 Sprite 的功能不止这里提到的这些。作为处理三维场景中二维物体，Sprite 还能用来处理其他只能在二维空间活动的物体。

第 12 章 粒子系统

提到粒子系统可能有些读者会感到陌生,但说起它的应用成果许多人就熟悉了——大到惊天动地、十分酷炫的爆炸特效,或是笼罩场景的雾气;小到一枚子弹,它们都可能用到粒子系统。很可惜,粒子系统并不是 DirectX 中自带的组件,我们无法像本书之前讲述的多数内容那样调用一系列已知接口实现这些效果。想要实现粒子系统,唯一的途径就是自己动手做一个。本章将介绍两种不同的粒子系统:一种是使用第 11 章介绍的 Sprite 制作的二维粒子系统;另一种是使用顶点缓存技术制作的三维场景中的粒子系统。

让我们从相对简单一些的二维粒子系统开始。

12.1 二维粒子系统

在第 11 章的末尾我们就提到过 DirectX 中的 Sprite 有更多用途,绝不仅仅是只处理一个二维贴图那么简单。不过在我们正式开始前,还是有必要简单说一下"粒子"和"粒子系统"两者的关系的。

粒子是一种微小的物体。爆炸产生的细小碎片、天空飘落的雪花、枪口飞出的子弹等都是粒子,它们根据情况不同被赋予不同的属性。我们实际在场景中看到的也是粒子而非粒子系统。粒子系统负责粒子的生成、销毁和渲染等功能,虽然起着至关重要的作用,但我们不会在场景中看到这位幕后英雄。

12.1.1 使用 Sprite 创建粒子

第 11 章中,我们创建了 MySprite 类来初始化并渲染 Sprite。由于实际使用中无法确定粒子需要新增什么功能,为了实现不同的粒子效果,反复修改 MySprite 类当中的代码也是件挺麻烦的事,所以我们将 MySprite 类作为基类,我们的粒子系统将继承 MySprite 类当中的属性——这些属性是使用 Sprite 的粒子系统必须拥有的。为了让子类能够使用这些属性,我们要调整一下 MySprite 类:

```
class MySprite
{
```

```cpp
public:
    MySprite();
    ~MySprite();

    bool InitSprite(IDirect3DDevice9* _device, _width);
    virtual void Render ( IDirect3DDevice9* _device, D3DXVECTOR2 _scale,
                D3DXVECTOR2 _translate, const float _rotate, const int _width,
                const int _height) =0;
    void Release();

private:

protected:
    ID3DXSprite* _sprite;
    IDirect3DTexture9* _tex;
    D3DXVECTOR2 m_pos;
};
```

可以看到，我们把整个类变成了一个虚基类，Render()函数则变成了纯虚函数，这么做可以让不同的粒子系统实现不同的效果，又不必反复修改父类里的 Render()函数。Render()函数新添的两个参数_width 和_height 是用来记录窗口大小的,具体用法会在下一小节介绍。把_sprite 和_tex 放到 protected 下也是为了子类能够使用它们。我们还添加了一个新的成员 m_pos，用它来记录当前 Sprite 的位置。InitSprite()函数增加了一个记录窗口宽度的参数 _width，这样就可以在初始化的时候让闪电出现在窗口 X 轴的随机位置：

```cpp
m_pos = D3DXVECTOR2(rand()%_width, 0);
```

在本节的例程中，我们绘制了一些闪电从屏幕上方掉落的场景，因此我们的子类就以 Lighting 命名，在这个类中我们要实现 Render()函数：

```cpp
class Lighting : public MySprite
{
public:
    Lighting();
    ~Lighting();

    void Render(IDirect3DDevice9* _device, D3DXVECTOR2 _scale,
            D3DXVECTOR2 _translate,
            const float _rotate, const int _width, const int _height);

private:
};
```

MyD3D 类里面的类对象也要换成 Lighting 的。由于粒子系统并不是单纯地将一张贴图反复绘制到窗口的不同位置，所以在声明类对象时需要声明成数组的形式，以便对每个闪电进行处理。我们将在 MyD3D.h 中声明一个由 20 个闪电组成的粒子系统，然后在相应的初始化函数里使用循环完成 20 个闪电的纹理加载和 Sprite 创建工作：

```
const int light_num = 20;
Lighting    m_light[light_num];
bool MyD3D::Initialize()
{
    //省略其他初始化代码
    for(int i = 0; i < light_num; i++)
        if(!m_light[i].InitSprite(p_Device, _width))
        {
            MessageBox(hwnd, "InitSprite() - Fialed", 0, 0);
            return false;
        }
}
```

对于本例，闪电图片其实是被不同的 Sprite 多次使用，也可以只创建一个纹理贴图然后反复使用，由此可以节省一些空间。这里就不再演示相关代码了，读者可以自己尝试一下。

12.1.2 绘制粒子

完成所有初始化工作后就可以在场景中绘制这些粒子了。

闪电的图片是我们使用 Photoshop 画的，唯一的缺点是闪电总会有一个背景，我们不希望看到闪电落下时后面带这个白色方块一起下落——这太破坏视觉效果了。这时我们需要准备一张有 Alpha 通道的 png 格式的纹理贴图，并向 Sprite 的 Begin()函数传入参数 D3DXSPRITE_ALPHABLEND，以开启 Alpha 渲染，这样绘制的就只有闪电本体而不会带有背景了。图 12.1 和图 12.2 分别展示了是否启用 Alpha 通道渲染的渲染结果。

图 12.1　未启用 Alpha 通道的渲染结果

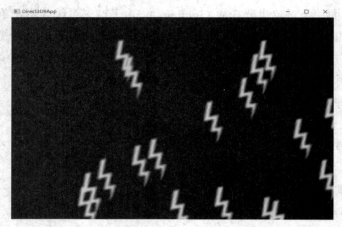

图 12.2　启用 Alpha 通道的渲染结果

例程中准备了 lighting.png 和 lighting.bmp 两张图片，您可以通过修改 Sprite 加载的纹理看到两张截图的效果。

解决了 Alpha 通道的问题后，还需要让闪电动起来，完成一个从窗口顶端坠落到窗口底端的过程。我们依然可以使用 Sprite 的 SetTransform()函数来实现整个移动过程，只要让记录 Sprite 位置的向量 m_pos 随时间推移发生变化就行了。为了让闪电动起来不那么单调，我们用随机数控制 Sprite 的水平移动的方向，垂直方向就让 Sprite 匀速下落好了。具体代码如下：

```
if(rand()%2 == 0)
    m_pos.x += _translate.x;
else
    m_pos.x -= _translate.x;
m_pos.y += _translate.y;
D3DXMatrixTransformation2D(&mat, &D3DXVECTOR2(0.0f,0.0f), 0.0f, &_scale,
    &D3DXVECTOR2(0.0f,0.0f), _rotate, &(m_pos));
```

如果一直让 Sprite 这么移动下去，所有 Sprite 最终都会移动到窗口外面，再也看不到了。由于没有新的 Sprite 生成，窗口里最终只会剩下一片漆黑。这一定不是我们期望的结果。因此，所有 Sprite 在移出视野后应该重新回到窗口顶端重复下落过程。虽然有时候我们会将超出窗口坐标范围或到达特定界限的粒子销毁并新建一个，但对本例中的粒子来说完全没有必要——起到场景装饰作用，没有任何物体与闪电接触后会发生事情，闪电之间也没有相互作用，为了这样的粒子再去消耗大量时间执行销毁和创建工作有些得不偿失。所以，我们采用的策略是将超出视野的 Sprite 重置回窗口顶端任意位置，在它们回到视野之前，我们也不再渲染它们，因为渲染了也看不到。所以，我们需要在 Begin()函数和上文设置 m_pos 向量坐标之间插入下面的代码：

```
if(m_pos.y >= _height || m_pos.x >= _width || m_pos.x < 0)
{
    m_pos.y = 0;
```

```
        m_pos.x = rand()%_width;
    }
    else {…}//渲染 Sprite 的代码
```
除了使用本书介绍的 Sprite 外还可以使用 GDI 2D 的有关功能实现二维的粒子系统。感兴趣的读者可以参考毛星云编著的《逐梦旅程 Windows 游戏编程之从零开始》一书。

关于二维粒子系统的部分就讲到这里，下面我们介绍三维粒子系统。

12.2 三维粒子系统

有了二维粒子系统的基础再看三维粒子系统就会发现，二者有很多相似之处，很多渲染时的注意事项和一些粒子的移动都是类似的，只不过从二维空间变到三维空间，且调用函数不同而已。本节我们会做一个粒子枪，因此粒子系统中的很多功能也发生了变化，也会有一些新的注意事项加入。

12.2.1 粒子枪类的设计

我们使用和二维粒子系统相同的思路，首先构建一个粒子系统的虚基类 Particle，当中包含若干子类可能用到的、较为通用的虚函数。这些纯虚函数的实现交给实现不同粒子效果的子类。整个类如下：

```
class Particle
{
public:
    Particle(){};
    ~Particle(){};
    virtual bool Init(UINT _buff,char* _texturePath,IDirect3DDevice9* _device);
    virtual void CreateParticle() =0;
    virtual void Render(IDirect3DDevice9* _device) =0;

    virtual void UpdateParticle(float timeDelta) =0;
    virtual void ClearDead() =0;

    void CleanUp();
    bool isEmpty();
    DWORD FloatToDWORD(float f);

private:

protected:
```

```cpp
struct Attribute
{
    D3DXVECTOR3         position;
    D3DXVECTOR3         speed;
    D3DCOLOR            color;
    float               lifetime;
    float               totalLife;
    bool                alive;
};

IDirect3DTexture9*      m_texture;
IDirect3DVertexBuffer9* m_vb;
std::list<Attribute>    m_attr;

UINT                    m_buffersize;
UINT                    m_vboffset;
UINT                    m_vbBatchSize;

const static DWORD FVF = D3DFVF_XYZ | D3DFVF_DIFFUSE;
};
```

先从 4 个纯虚函数说起：CreateParticle()函数用来在场景中创建粒子；Render()函数用于存活粒子的绘制；UpdateParticle()函数负责更新场景中所有粒子的信息，包括位置、当前存活时间以及存活状态；ClearDead()函数负责将场景中已经判定为死亡的粒子移除出绘制队列，在本例程中它的作用是销毁相应粒子。

再看看其他的函数：Init()函数负责粒子系统的初始化，包括纹理贴图、顶点缓存、系统粒子总数等；CleanUp()函数用来释放顶点和纹理缓存；isEmpty()函数可以检查系统中是否还有粒子；FloatToDWORD()函数用来把 float 类型的数据转换成 DWORD 类型的，具体用法会在后面提到。

下面再介绍一些新成员：首先是 Attribute 结构体，这个结构体包含了粒子的属性——位置、速度、颜色、当前存活时间、寿命以及是否存活的标志；使用 STL 模板库的链表 m_attr 用来存储每个粒子的属性，考虑到产生的粒子可能不会按照生成顺序消失，所以采用了链表这种相对灵活的数据结构存放粒子属性；m_buffersize 决定了顶点缓存的大小，m_vboffset 和 m_vbBatchSize 用于优化。其他的成员在前面的章节已经介绍过了，这里不再重复。最后我们根据需要将自由顶点格式设置成 D3DFVF_XYZ | D3DFVF_DIFFUSE。

有了基类就可以派生出粒子枪类 Gun 了。除了实现 Particle 类中的纯虚函数，还在这个类里添加了一个自由摄像机以便视角移动，我们也为此重载了基类中的 Init()函数：

```cpp
class Gun : public Particle
{
```

```
public:
    Gun();
    ~Gun();
    bool Init(Camera* _cam);
    void Render(IDirect3DDevice9* _device);
    void CreateParticle();
    void UpdateParticle(float deltatime);
    void ClearDead();
private:
    Camera*    m_cam;
protected:
};
```

12.2.2 粒子的创建、更新和销毁

类的设计完成了，接着就要完成粒子系统的功能。在二维粒子系统中，我们使用 Sprite 生成粒子，在三维粒子系统中，我们也会使用类似的东西——Point Sprite。Point Sprite 在绘制时只需要一个点，并且像 Sprite 一样可以调整纹理贴图尺寸、使用 Alpha 通道和移动，我们只要让 D3D 绘制一系列点就可以了。为此，我们需要给粒子系统创建相应的顶点缓存并加载相应纹理，这里用到的纹理也是带 Alpha 通道的 png 格式文件，也就是例程中的 bullet.png——一个白色的圆形加上透明的背景。我们还是在 MyD3D 类中实例化一个 Gun 的对象 m_gun，初始化 m_gun 的时候不要忘记把自由摄像机也初始化。

```
if(!m_gun.Particle::Init(1000, "bullet.png", p_Device) || !m_gun.Init(&main_camera))
        return false;
```

需要注意的是，我们在创建顶点缓存时使用动态缓存标记 D3DUSAGE_DYNAMIC，这样访问顶点缓存的速度会更快。同时我们也要改变无法与 D3DUSAGE_DYNAMIC 一起使用的内存池标记 D3DPOOL_MANAGED，把它换成 D3DPOOL_DEFAULT。

既然是粒子枪，就需要用按键来控制子弹发射，也就是在场景中创建新的粒子，所以我们在 MyD3D::FrameMove() 中加入下面的代码，这样就能用空格键发射子弹了：

```
if( ::GetAsyncKeyState(VK_SPACE) & 0X8000f )
        m_gun.CreateParticle();
```

我们不可能让子弹像先前的闪电一样随机出现在屏幕上然后做无规则运动，因此需要获得摄像机的位置以及观察向量，并让射出的子弹沿射出方向(观察向量方向)做匀速直线运动，运动一段时间之后自动消失。这里设定子弹最多存活时间为 1 秒，速度为 100，颜色是黄色。我们让粒子源略微低于摄像机中心，这样就能看到成串的子弹飞出而非屏幕中心的一个圆点。所有子弹的属性都保存在 Attribute 结构体当中，因此创建粒子就是填充结

构体中的每个成员，然后将填充好的结构体放入链表 m_attr 中方便以后更新粒子状态。

```
void Gun::CreateParticle()
{
    Attribute _attr;
    D3DXVECTOR3 _look, _pos;

    _attr.alive = true;
    m_cam->GetLookVector (&_look);
    m_cam->GetPosition(&_pos);

    _attr.position = _pos;
    _attr.position.y -= 2.0f;
    _attr.lifetime = 0.0f;
    _attr.totalLife = 1.0f;
    _attr.speed = _look * 100.0f;
    _attr.color = D3DCOLOR_RGBA(255, 255, 0, 255);

    m_attr.push_back(_attr);
}
```

粒子状态的更新包括粒子的位置和当前存活时间，如果存活时间超过了预定寿命还要把存活标志改成 false，以提醒系统销毁这个粒子。使用 STL 的一个好处是：当我们需要逐个更新粒子时不必手写遍历链表的方法。直接使用 STL 提供的迭代器一样可以较高效地遍历整个链表，还不用担心越界。

```
void Gun::UpdateParticle(float timeDelta)
{
    std::list<Attribute>::iterator it = m_attr.begin();
    while(it != m_attr.end())
    {
        it->position += it->speed* timeDelta;
        it->lifetime += timeDelta;

        if(it->totalLife <= it->lifetime)
            it->alive = false;
        it++;
    }
    ClearDead();
}
```

清理死亡粒子的工作更简单，只要遍历链表，找到存活标志为 false 的粒子，直接调用

erase()函数移除就行了。

```
void Gun::ClearDead()
{
    std::list<Attribute>::iterator it = m_attr.begin();
    while(it != m_attr.end())
    {
      if(it->alive == false)
         it = m_attr.erase(it);
      else
         it++;
    }
}
```

12.2.3 绘制粒子

此处提到的粒子绘制起来要比之前的闪电复杂得多，这一点从绘制开始之前的渲染状态设置的代码就能感觉出。

1. 渲染状态设置

具体代码如下：

```
_device->SetRenderState(D3DRS_LIGHTING, false);
_device->SetRenderState(D3DRS_POINTSPRITEENABLE, true);
_device->SetRenderState(D3DRS_POINTSCALEENABLE, true);
_device->SetRenderState(D3DRS_POINTSIZE, FloatToDWORD(0.3f));
_device->SetRenderState(D3DRS_POINTSIZE_MIN, FloatToDWORD(0.0f));

_device->SetRenderState(D3DRS_POINTSCALE_A, FloatToDWORD(0.0f));
_device->SetRenderState(D3DRS_POINTSCALE_B, FloatToDWORD(0.0f));
_device->SetRenderState(D3DRS_POINTSCALE_C, FloatToDWORD(1.0f));

_device->SetRenderState(D3DRS_ALPHABLENDENABLE, true);
_device->SetTextureStageState(0, D3DTSS_ALPHAOP, D3DTOP_MODULATE);
_device->SetTextureStageState(0, D3DTSS_ALPHAARG1, D3DTA_DIFFUSE);
_device->SetTextureStageState(0, D3DTSS_ALPHAARG1, D3DTA_TEXTURE);

_device->SetRenderState(D3DRS_SRCBLEND, D3DBLEND_SRCALPHA);
_device->SetRenderState(D3DRS_DESTBLEND, D3DBLEND_INVSRCALPHA);

_device->SetTexture(0, m_texture);
_device->SetFVF(FVF);
_device->SetStreamSource(0, m_vb, 0, sizeof(RenderAttr));
```

RenderAttr 是一个结构体，里面存放了位置和颜色两个信息。它出现的原因很简单：我们虽然给粒子设置了很多属性，但实际绘制时只要知道粒子当前的位置和颜色就足够了，完全没有必要关心其他属性。这个结构体在粒子系统的头文件中被定义成一个全局变量。

```
struct RenderAttr
{
    D3DXVECTOR3 v_pos;
    D3DCOLOR    v_color;
};
```

说清了 RenderAttr 结构体的意义，我们再回过头看看设置代码。

在最上面的代码块里，_device->SetRenderState(D3DRS_LIGHTING , false)用于关掉光线渲染，保证粒子的颜色正常显示。随后的_device->SetRenderState(D3DRS_POINTSPRITEENABLE, true)语句告诉 D3D 将要渲染一系列 Point Sprite。_device->SetRenderState (D3DRS_POINTSCALEENABLE, true)语句告知 D3D 粒子的大小是可以调整的，这样系统才会计算粒子的尺寸。_device->SetRenderState(D3DRS_POINTSIZE, FloatToDWORD(0.3f))和_device->SetRenderState(D3DRS_POINTSIZE_MIN, FloatToDWORD(0.0f))两个函数与粒子的大小有关，前者设定了粒子的大小，后者设定了粒子的最小尺寸，我们也可以使用 D3DRS_POINTSIZE_MAX 设置粒子的最大尺寸。在这两句中我们看到了先前提到的 FloatToDWORD() 函数，使用这个函数进行数制转换的原因是这两个函数以及后面所有 SetRenderState() 函数都只接收 DWORD 类型的数据，并且这个转换方法也在官方文档上给出。如果输入的数值不是 DWORD 类型，渲染时会发生意想不到的错误。

第二块代码设置了三个粒子缩放因子 D3DRS_POINTSCALE_A，D3DRS_POINTSCALE_B 以及 D3DRS_POINTSCALE_C。这三个缩放因子会通过下面的公式计算出粒子的最终大小：

$$S_S = V_h * S_i * \mathrm{sqrt}\left(\frac{1}{A + B * D_e + C * (D_e^2)}\right)$$

其中，S_S 是计算后粒子的大小；A、B、C 分别指三个缩放因子；S_i 是粒子的原始大小；V_h 是视口高度；D_e 是物体位置到眼睛的距离，根据眼睛在空间中的坐标(x, y, z)计算得出

$$D_e = \mathrm{sqrt}(x^2 + y^2 + z^2)$$

经过这样一番计算之后，屏幕里的子弹就会呈现近大远小的效果。

第三块代码对纹理的 Alpha 渲染进行设置。打开 Alpha 渲染后，要先设置 Alpha 渲染方式。将 D3DTSS_ALPHAOP 设置成 D3DTOP_MODULATE，这么做会将两个参数相乘的结果作为最后的 Alpha 值。两个相乘的参数分别来自纹理的第一、第二 Alpha 值。在设置顶点格式时，由于需要使用顶点的颜色，所以我们设置 D3DTSS_ALPHAARG1 为 D3DTA_DIFFUSE。由于纹理贴图中需要渲染的部分为白色圆形而非整个方形图片，因此

将 D3DTSS_ALPHAARG1 设置为 D3DTA_TEXTURE。

剩下的两块代码在第 5、6 章中已经介绍过，这里不予赘述。

2．粒子绘制

结束了冗长的渲染状态设置，下面正式进入粒子绘制部分。具体代码如下：

```
if (m_vboffset >= m_buffersize)
    m_vboffset = 0;

RenderAttr* p_render = 0;
m_vb->Lock(m_vboffset * sizeof(RenderAttr), m_vbBatchSize *
    sizeof(RenderAttr), (void**)&p_render, m_vboffset ?
    D3DLOCK_NOOVERWRITE : D3DLOCK_DISCARD);

UINT NumInBatch = 0;

std::list<Attribute>::iterator it = m_attr.begin();
while (it != m_attr.end())
{
    if (it->alive)
    {
        p_render->v_pos = it->position;
        p_render->v_color = it->color;
        p_render++;
        NumInBatch++;

        if (NumInBatch == m_vbBatchSize)
        {
            m_vb->Unlock();
            _device->DrawPrimitive(D3DPT_POINTLIST, m_vboffset, m_vbBatchSize);

            m_vboffset += m_vbBatchSize;
            if (m_vboffset >= m_buffersize)
                m_vboffset = 0;
            m_vb->Lock(m_vboffset * sizeof(RenderAttr), m_vbBatchSize *
                sizeof(RenderAttr), (void**)&p_render, m_vboffset ?
                D3DLOCK_NOOVERWRITE : D3DLOCK_DISCARD);
            NumInBatch = 0;
        }
    }
}
```

```
            m_vb->Unlock();

            if (NumInBatch)
            _device->DrawPrimitive(D3DPT_POINTLIST, m_vboffset, NumInBatch);
            m_vboffset += NumInBatch;
            it++;
        }
```

这部分代码没有采用一次性锁定整个顶点缓存的方法，而是使用了一种相对优化过的策略。采用这种策略可以减少延迟，并充分发挥动态顶点缓存的优势。一次性锁定整个缓存区域意味着在显卡完成里面所有顶点的绘制之前这块区域都将被锁定，应用的其他部分也无法访问此区域。鉴于我们不太可能一口气打出 1000 个粒子，还是使用优化过的算法为好。

简单来说，将一整段缓存在逻辑上分成几个片段，每个部分中包含一定数量的粒子 m_vbBatchSize，每次锁定一个片段的缓存并绘制其中的粒子。如果粒子数量没有超出缓存上限，则一直往里面填充新生成的粒子，即在调用 Lock() 函数锁定内存时使用 D3DLOCK_NOOVERWRITE 标记；反之则使用一段新的内存空间，即使用 D3DLOCK_DISCARD 标记。因此，我们一上来先要判断记录当前偏移量的 m_vboffset 是否超过了事先设定的缓存空间上限 m_buffersize，超过了就重置为 0。

下一步是根据 m_vboffset 锁定对应内存区域，然后设置 NumInBatch 记录当前有多少个粒子。之后开始遍历所有的粒子并绘制还存活的粒子，每有一个存活粒子 NumInBatch 就加 1，同时将它的颜色和位置信息放进 RenderAttr 结构体。如果刚好有一个片段被填满，我们就绘制整个片段中的粒子。要是所有粒子都放进缓存后还不够一个片段，我们也要进行绘制。

最后把偏移量加上当前粒子数，确保下次渲染开始时指针能够停在尚能使用的区域。渲染结束后不要忘记恢复之前的渲染设置。

```
            _device->SetRenderState(D3DRS_POINTSPRITEENABLE, false);
            _device->SetRenderState(D3DRS_POINTSCALEENABLE, false);
            _device->SetRenderState(D3DRS_LIGHTING, true);
            _device->SetRenderState(D3DRS_ALPHABLENDENABLE, false);
```

3. 注意事项

这里要提醒一下各位读者：如同第 3 章提到的，D3DCOLOR 只能存储整数，所以还要有一个 D3DXCOLOR 类来处理一些颜色方面的计算。这两种颜色表达方法有时甚至不需要进行类型转换就可以使用等号进行赋值操作。如果需要进行一些颜色方面的计算，可以将 Attribute 结构体中的 color 成员的类型修改成 D3DXCOLOR，千万不要改动 RenderAttr 结构体中的 v_color 成员的类型，并记得在赋值时转换成 D3DCOLOR 类型。这么做的原因是我们设定的自由顶点格式中使用了 D3DFVF_DIFFUSE 标记，如果去查看官方文档就会发现这种格式需要用 D3DCOLOR 有关的函数进行颜色赋值。如果不这么做程序也可能通过编译并运行，但渲染时有可能会出现一些错误，而因此产生的错误并不易被发现。

最后附上一张程序运行的截图，如图 12.3 所示。

图 12.3　粒子枪射击效果

第 13 章 音 效 播 放

在前面的章节中,我们已经介绍了许多与 DirectX 绘制、动画和字体有关的知识,本章将介绍如何利用 DirectSound 播放 WAV 格式的音频文件,实现音效的同步播放。

13.1 WAV 格式文件简介

WAV 全称 Waveform Audio File Format,WAV 仅仅是此类文件的后缀名,这种格式的声音文件没有对原声音数据进行过压缩。本节将介绍用 DirectSound 组建、加载和播放 WAV 文件的方法。

WAV 文件包含一个 44 字节的头部,里面记录了与音频文件有关的信息,如声道数、采样率等。根据 WAV 文件的格式,我们通过定义声音文件结构体 WAVE_HEADER 存放文件头部的信息。结构体定义如下:

```
struct WAVE_HEADER
{
    char    riff_sig[4];
    long    waveform_chunk_size;
    char    wave_sig[4];
    char    format_sig[4];
    long    format_chunk_size;
    short   format_tag;
    short   channels;
    long    sample_rate;
    long    bytes_per_sec;
    short   block_align;
    short   bits_per_sample;
    char    data_sig[4];
    long    data_size;
};
```

只需要把头部的信息一一对应地放到结构体里，在需要用到 WAV 文件头的内容时直接从结构体里获取即可。

通过使用 fopen()函数实现音频文件的打开功能：

```
FILE* fp;
if((fp = fopen(filename, "rb")) == NULL)
    return NULL;
```

我们直接使用 fread()函数完成这项工作：

```
fread(wave_header, 1, sizeof(WAVE_HEADER), fp);
```

其中，wave_header 是一个 WAVE_HEADER 类型指针。

13.2 使用 DirectSound 播放 WAV 音频文件

DirectSound 是 DirectX 中自带的组件，拥有录音和播放音频文件的功能，同时允许使用硬件加速。在 DirectX 8 中这套 API 已经相当成熟，后面的版本中也有些更新，但并不大，整体的使用方法基本和 DirectX 8 版本一致。

13.2.1 DirectSound 的初始化

DirectSound 的初始化过程和 Direct3D 的很相似，首先获取 IDirectSound8 指针，然后设置协作等级，最后创建主、副缓存区。

获取 IDirectSound8 指针需要利用函数 DirectSoundCreate8()实现，该函数的定义如下：

```
HRESULT DirectSoundCreate8(
    LPCGUID lpcGuidDevice,
    LPDIRECTSOUND8* ppDS8,
    LPUNKNOWN pUnkOuter
)
```

该函数的各个参数说明如下：

• lpcGuidDevice：指向 GUID 的指针，该 GUID 标识了声音设备。取值可以是 DirectSoundEnumerate()返回的 GUID 当中的一个。如果调用默认设备则应设置为 NULL。

• ppDS8：该参数接收一个指向 IDirectSound8 指针的指针。

• pUnkOuter：用于 COM 聚合的接口。由于不支持聚合，这个参数只能设为 NULL。

成功取得 IDirectSound8 指针后还需要调用 SetCooperativeLevel()函数设置协作等级，该函数定义如下：

```
HRESULT SetCooperativeLevel(
    HWND hwnd,
```

DWORD dwLevel
)

该函数的参数说明如下:
- hwnd:窗口句柄。取值是最开始创建主窗口时用到的 hwnd。
- dwLevel:协作等级。可以是以下取值中的一个:
  ➢ DSSCL_EXCLUSIVE——在 DirectX 8 及以后的版本中,这个值的效果和 DSSCL_PRIORITY 一样。
  ➢ DSSCL_NORMAL——拥有最平滑的资源共享和多任务处理能力的一种等级。但无法对主缓存格式做出任何更改,输出只能是默认的 8 bit 格式。
  ➢ DSSCL_PRIORITY——这种协作等级可以更改主缓存格式。
  ➢ DSSCL_WRITEPRIMARY——这种协作等级拥有主缓存的直接操纵权限,即可以修改主缓存,但副缓存将不可用。

下面的示例代码展示了如何创建音效对象,在获取 IDirectSound8 指针成功之后需要设置协作等级:

```
IDirectSound8*          g_ds;
if(FAILED(DirectSoundCreate8(NULL, &g_ds, NULL)))
{
    printf("Unable to create DirectSound object");
    return false;
}
g_ds->SetCooperativeLevel(hWnd, DSSCL_NORMAL);
```

成功获取设备并设定正确的协作等级后,需要通过读取缓存中的数据让声音外放到环境中。DirectSound 里有两种缓存:主缓存和副缓存。两种缓存有各自的分工:主缓存负责声音的播放;副缓存负责存放要播放的声音,当同时播放多个音频文件时,每个副缓存都会存储一个程序要播放的音频文件,还要负责声音的混合。尽管我们可以将多个文件放进同一个副缓存,但考虑到播放效果以及不同文件的具体参数可能不同,还是分别放到不同的副缓存里为好。不论哪种缓存都是通过填充 DSBUFFERDESC 结构体来实现的,该结构体的原型如下:

```
typedef struct DSBUFFERDESC {
    DWORD dwSize;
    DWORD dwFlags;
    DWORD dwBufferBytes;
    DWORD dwReserved;
    LPWAVEFORMATEX lpwfxFormat;
    GUID guid3DAlgorithm;
} DSBUFFERDESC;
```

每个参数的说明如下：
- dwSize：结构大小。编程时通常赋值为 sizeof(DSBUFFERDESC)。
- dwFlags：描述缓存具有何种属性的标记。可以从下面的标记中选取：
  ➢ DSBCAPS_CTRL3D——缓存具有 3D 控制能力。
  ➢ DSBCAPS_CTRLFREQUENCY——缓存具有控制频率的能力。
  ➢ DSBCAPS_CTRLFX——缓存支持效果处理。
  ➢ DSBCAPS_CTRLPAN——缓存可以控制相位。
  ➢ DSBCAPS_CTRLVOLUME——缓存可以控制其音量。
  ➢ DSBCAPS_CTRLPOSITIONNOTIFY——缓存可以收到位置通知。
  ➢ DSBCAPS_GETCURRENTPOSITION2——当调用 GetCurrentPosition()函数时，缓存的播放光标会有新行为。现行版本中，如果设置这个标记，则应用程序会获得更准确的播放光标位置。如果不设置该标记，则会按照老版本的行为以确保兼容性。
  ➢ DSBCAPS_GLOBALFOCUS——设置该标记后缓存将变成全局缓存。当焦点不在该程序上时，DirectSound 仍可以继续播放声音，即便另一个程序也在使用 DirectSound。除非设置协作等级为 DSSCL_WRITEPRIMARY。
  ➢ DSBCAPS_LOCDEFER——缓存可以在播放时分配给软件或硬件资源。
  ➢ DSBCAPS_LOCHARDWARE——缓存使用硬件混合。
  ➢ DSBCAPS_LOCSOFTWARE——缓存使用软件混合。
  ➢ DSBCAPS_MUTE3DATMAXDISTANCE——声音在最大距离处变为静音，超出最大距离后将不再播放。仅适用于软件缓存。
  ➢ DSBCAPS_PRIMARYBUFFER——声明该缓存为主缓存。
  ➢ DSBCAPS_STATIC——缓存位于硬件存储器里。
  ➢ DSBCAPS_STICKYFOCUS——设置该标记后用户若切换到另一个不使用 DirectSound 的应用程序，缓存中的声音还会继续播放；如果切换到另一个也使用 DirectSound 的应用程序，这个缓存将静音。
  ➢ DSBCAPS_TRUEPLAYPOSITION——这个标记只在 Windows Vista 系统生效，这里不做介绍。
- dwBufferBytes：缓存大小，以字节为单位计算。当创建主缓存时必须设为 0。
- dwReserved：保留变量，必须为 0。
- lpwfxFormat：指向 WAVEFORMATEX 结构体的指针，主缓存应设为 NULL。
- guid3DAlgorithm：定义了两个虚拟扬声器算法。如果没设置 DSBCAPS_CTRL3D 标志则应赋值为 GUID_NULL。

创建缓存时我们提到了叫做 WAVEFORMATEX 的结构体，接下来便介绍一下，其原型如下：

```
typedef struct {
    WORD wFormatTag;
```

```
    WORD nChannels;
    DWORD nSamplesPerSec;
    DWORD nAvgBytesPerSec;
    WORD nBlockAlign;
    WORD wBitsPerSample;
    WORD cbSize;
} WAVEFORMATEX;
```

各个成员说明如下：

- wFormatTag：声音数据标签，有很多种选项。由于 WAV 格式的文件未经压缩，这里直接填写 WAVE_FORMAT_PCM 就可以。
- nChannels：声道数。
- nSamplesPerSec：采样率。
- nAvgBytesPerSec：平均传输速率，单位是字节/秒。
- nBlockAlign：块对齐数，单位为字节。对于 WAVE_FORMAT_PCM 标签的文件，这个值必须用(nChannels×wBitsPerSample) / 8 计算。
- wBitsPerSample：每个样本所占比特数，对 WAVE_FORMAT_PCM 格式，这个数通常是 8 或者 16。
- cbSize：附加到 WAVEFORMATEX 结构体末尾的额外格式信息，单位为字节。WAVE_FORMAT_PCM 格式可以忽略该成员。

WAVEFORMATEX 结构体的数据完全可以通过读取 WAV 文件头获取，我们只要将相应的数据填到正确的位置即可。当然也可以自己手动设置整个结构体中的每一个成员的值，就是麻烦许多。下面的代码中演示如何将上一节提到的文件头的内容填到 WAVEFORMATEX 结构体里并完成缓存创建：

```
WAVEFORMATEX        wave_format;
ZeroMemory(&wave_format, sizeof(WAVEFORMATEX));

wave_format.wFormatTag = WAVE_FORMAT_PCM;
wave_format.nChannels = wave_header->channels;
wave_format.nSamplesPerSec = wave_header->sample_rate;
wave_format.wBitsPerSample = wave_header->bits_per_sample;
wave_format.nBlockAlign = wave_format.wBitsPerSample / 8 * wave_format.nChannels;
wave_format.nAvgBytesPerSec = wave_format.nSamplesPerSec * wave_format.nBlockAlign;
ZeroMemory(&ds_buffer_desc, sizeof(DSBUFFERDESC));

ds_buffer_desc.dwSize = sizeof(DSBUFFERDESC);
ds_buffer_desc.dwFlags = DSBCAPS_CTRLVOLUME;
ds_buffer_desc.dwBufferBytes = wave_header->data_size;
```

ds_buffer_desc.lpwfxFormat = &wave_format;

准备工作完成，接着使用 CreateSoundBuffer()函数创建主缓存：

  IDirectSoundBuffer* ds_buffer_main;
  if(FAILED(g_ds->CreateSoundBuffer(&ds_buffer_desc, &ds_buffer_main, NULL)))
    return NULL;

其中，CreateSoundBuffer()函数的定义为

  HRESULT CreateSoundBuffer(
    LPCDSBUFFERDESC pcDSBufferDesc,
    LPDIRECTSOUNDBUFFER* ppDSBuffer,
    LPUNKNOWN pUnkOuter
  );

其中，pcDSBufferDesc 是指向 DSBUFFERDESC 结构体的指针；ppDSBuffer 是指向新的缓存的指针；pUnkOuter 必须为 NULL。

经过上述步骤，我们完成了初始化过程。如果想创建副缓存就不用这么麻烦了，只需要调用 QueryInterface()函数就可以。下面给出一个例子，也是我们在例程中使用的：

  IDirectSoundBuffer8* ds_buffer_second;
  if(FAILED(ds_buffer_main->QueryInterface(IID_IDirectSoundBuffer8, (void**)&ds_buffer_second)))
  {
    ds_buffer_main->Release();
    return NULL;
  }

13.2.2 播放音频文件

正确读入音频文件并成功创建缓存后就可以播放声音了。首先把音频数据放进其中并解锁，最后使用 Play()函数进行播放。

要锁定或解锁内存中的某一块区域，需要分别调用 Lock()和 UnLock()函数。两个函数的定义分别如下：

  HRESULT Lock(
    DWORD dwWriteCursor,
    DWORD dwWriteBytes,
    LPVOID lplpvAudioPtr1,
    LPDWORD lpdwAudioBytes1,
    LPVOID lplpvAudioPtr2,
    LPDWORD lpdwAudioBytes2,
    DWORD dwFlags
  );

```
HRESULT Unlock(
    LPVOID lpvAudioPtr1,
    DWORD dwAudioBytes1,
    LPVOID lpvAudioPtr2,
    DWORD dwAudioBytes2
);
```

Lock()函数的各个参数说明如下：

- dwWriteCursor：从缓存开始处到锁定缓存开始处的偏移量，单位为字节。当 dwFlags 设置为 DSBLOCK_FROMWRITECURSOR 时该参数将被忽略。
- dwWriteBytes：锁定字节数大小。声音缓存在逻辑上是循环的。
- lplpvAudioPtr1：指向第一块锁定区域的指针。
- lpdwAudioBytes1：指向一个变量的指针，该变量包含了第一块锁定区域的字节数。
- lplpvAudioPtr2：指向第二块锁定区域的指针。如果设为 NULL，那么 ppvAudioPtr1 中的指针将指向整个锁定了的声音缓存。
- lpdwAudioBytes2：指向一个包含了第二块锁定区域字节数的指针。如果 ppvAudioPtr2 设为 NULL，那这个参数应当设为 0。
- dwFlags：一组决定锁定方式的标记。有两个备选项：
  ➤ DSBLOCK_FROMWRITECURSOR——从当前写位置开始锁定。
  ➤ DSBLOCK_ENTIREBUFFER——锁定整个缓存，参数 dwWriteBytes 将被忽略。

UnLock()函数的各个参数说明如下：

- lpvAudioPtr1：指向第一块解锁区域的指针，要和 lplpvAudioPtr1 值一致。
- dwAudioBytes1：第一块解锁区域的字节数，要和 lpdwAudioBytes1 中变量的数值相同且不能超过它。
- lpvAudioPtr2：指向第二块解锁区域的指针，要和 lplpvAudioPtr2 值一致。
- dwAudioBytes2：第二块解锁区域的字节数，要和 lpdwAudioBytes2 中变量的数值相同且不能超过它。

下面的案例代码展示了两个函数的用法：

```
BYTE* ptr1;
BYTE* ptr2;
DWORD size1, size2;

if(lock_size == 0)
    return FALSE;

if(FAILED(ds_buffer->Lock(lock_pos, lock_size,(void**)&ptr1, &size1, (void**)&ptr2, &size2, 0)))
    return FALSE;
```

```
fread(ptr1, 1, size1, fp);

if(ptr2 != NULL)
    fread(ptr2, 1, size2, fp);
ds_buffer->Unlock(ptr1, size1, ptr2, size2);
```

成功将数据放进缓存之后,就可以使用 Play()函数播放声音了。Play()函数定义如下:

```
HRESULT Play(
    DWORD dwReserved1,
    DWORD dwReserved2,
    DWORD dwFlags
);
```

其中,三个参数中前两个参数都是保留参数,只能设为 0;最后一个参数决定声音如何播放,设置了 DSBPLAY_LOOPING 标记来决定声音能否循环播放。

如果想让声音停下来,可以使用 Stop()函数,这个函数不需要任何参数。

有关 DirectSound 的内容就讲到这里。本节中给出了读取 3 个 WAV 文件并同时播放的例子。如果您发现一些 WAV 文件读入后无法正常播放,可以尝试将 Sound.cpp 中的 ds_buffer_desc.dwBufferBytes 设置成 WAVEFORMATEX 结构体下的成员 file_rest_size 的方法来解决。

13.3 SoundPlayer 类设计

设计一个 SoundPlayer 类,用于播放 WAV 音频文件,它在 Sound.h 文件中定义为

```
class SoundPlayer
{
public:
    SoundPlayer();
    ~SoundPlayer();
    void            Release();
    bool            LoadSound(HWND hWnd, const char* path);
    void            Play(DWORD dwFlags);
    void            Stop();

    IDirectSound8*          g_ds;
    IDirectSoundBuffer8*    g_ds_buffer;

protected:
```

```
        IDirectSoundBuffer8* Create_Buffer_From_WAV(FILE* fp,
                                        WAVE_HEADER* wave_header);
        BOOL Load_Sound_Data(IDirectSoundBuffer8* ds_buffer, long lock_pos,
                            long lock_size, FILE* fp);
        IDirectSoundBuffer8* Load_WAV(const char* filename);
    private:
    };
```

要同时播放 3 个音频文件，需要在 MyD3D 类中声明一个 SoundPlayer 类的数组，大小为 3。为了方便读者根据需要加载任意个 WAV 文件，我们在 MyD3D.h 中定义了一个宏 SOUNDCOUNT。另外，还添加了供外部调用的声音播放函数 PlaySound()。具体代码如下：

```
    #define SOUNDCOUNT 3
    class MyD3D
    {
        //其他代码
    public:
        bool PlaySound();
    private:
        SoundPalyer m_sound[SOUNDCOUNT];
    };
```

要让 m_sound 创建各自的缓存并加载音频文件，只需要直接调用 LoadSound()函数就可以，它会自动调用 Load_WAV()、Load_Sound_Data()和 Create_Buffer_From_WAV()三个函数。当然，还需要保证所有 m_sound 成员都正确完成了文件加载工作，所以在 MyD3D::CreateDevice()函数中添加下面的代码：

```
        if (!m_sound[0].LoadSound(this->hwnd, "dogbarking.wav")
            || !m_sound[1].LoadSound(this->hwnd, "waterdrip.wav")
            || !m_sound[2].LoadSound(this->hwnd, "clapping.wav"))
            return false;
```

成功之后就可以在主函数里调用 PlaySound()函数播放声音了。该函数会调用 m_sound 下的 Play()函数，我们需要给 Play()函数传入一个参数告知程序声音该如何播放。下面我们传入了 DSBPLAY_LOOPING，以让声音循环播放：

```
    bool MyD3D::PlaySound()
    {
        for (int i = 0; i < SOUNDCOUNT; i++)
            m_sound[i].Play(DSBPLAY_LOOPING);
        return true;
    }
```

在 Play()函数中，还需要设置播放起始位置和音量，才能播放音频文件：

```
void SoundPlayer::Play(DWORD dwFlags)
{
    if(g_ds_buffer)
    {
        g_ds_buffer->SetCurrentPosition(0);
        g_ds_buffer->SetVolume(DSBVOLUME_MAX);
        g_ds_buffer->Play(0, 0, dwFlags);
    }
}
```

最后不要忘记调用 SoundPlayer 类的 Release()函数把缓存释放掉。该函数放在 MyD3D 类的 Release()函数中。

第 14 章　基于 TCP/IP 的网络游戏基础

在本书的最后一章，我们简单介绍一下如何通过 TCP 协议和 Socket 进行通信。我们将制作一个简单的多线程服务器，由此实现不同客户端上三维人物位置的同步显示。

14.1　TCP 协议简介

作为运输层协议之一，TCP 协议相较于 UDP 协议来说是个可靠的通信协议，同时 TCP 协议也是个面向连接的、点对点(一对一)传输的协议。有了这些特点，使用 TCP 协议在客户端和服务器之间进行通信是个不错的选择，我们也因此使用该协议制作例程。由于本书的主要内容不是计算机网络，因此本节着重介绍 TCP 协议中和本章例程有关的部分内容。

通过 TCP 协议传输数据一共需要三个步骤：建立连接、传输数据、断开连接。建立连接时要先打开服务器，服务器会一直等待客户端发来连接请求。服务器启动后就可以让客户端去连接(发送连接请求)。一旦服务器收到客户端发来的建立连接的请求，就会回复一条确认信息，客户端收到该确认信息后也会回复一条确认信息，服务器收到客户端发来的确认信息后就不再发送更多确认信息，此时连接就成功建立了。上述过程也叫做三次握手建立连接。图 14.1 展示了这一过程。

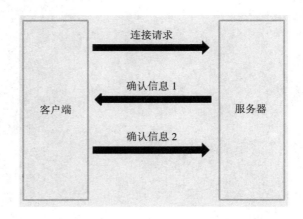

图 14.1　建立连接

连接建立后双方就可以按照事先约定好的方式进行通信了。通信结束时还要断开连接。客户端和服务器都可以主动断开连接，正常情况下需要四个步骤才能断开。首先，由客户端发出断开连接请求，服务器接收到该请求后回复一个确认信息，这时客户端已经不能再向服务器发送数据，但客户端仍会继续接收从服务器发来的数据。等服务器没有新的数据发送给客户端时，服务器会发送一个断开连接请求，客户端收到后会回复确认信息，此时连接才完全断开。图14.2展示了这一步骤。

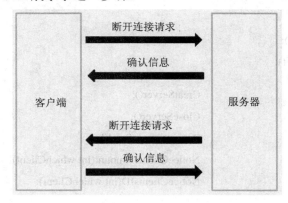

图 14.2　断开连接

只有这些还不能真正实现服务器与客户端之间的数据通信，还需要知道通信的双方到底是谁，这时就需要 IP 协议出手相助。虽然 IPv4 不足以让所有电脑都有一个属于自己的独一无二的 IP 地址，但通过子网掩码等技术还是可以让每台电脑被确认下来的。在实现服务器与客户端通信时，数据需要发送到服务器，再由服务器转发到目的客户端。因此，客户端在发送数据时需要知道服务器的 IP 地址，同时还要知道服务器用于收发信息的端口号。

14.2　使用 Socket 进行网络通信

编写计算机网络通信程序时，我们会使用 Socket 来实现网络连接的建立、释放以及数据传输。Socket 是封装了 TCP/IP 的编程接口，可以通过调用其中的函数实现 TCP/IP 通信。本节的重点就是介绍如何利用 Socket 编写服务器和客户端两个程序。

14.2.1　服务器

服务器需要打开自己对应的端口接收由客户端发来的信息，并将信息发给其他客户端，为此服务器中需要一个记录着所有连接到自己的客户端的列表。由于服务器与客户端是一对多的关系，因此服务器需要利用多线程处理连接进来的客户端。

1. 创建服务器

服务器类 MyServer 中包含开启和关闭服务器的 CreatServer()和 CloseServer()函数，收发数据的 Receive_and_Send() 函数，表示客户端列表的变量 clientList，表示服务器状态的变量 state，记录客户端数量的变量 MemberAccount，标记列表中某个客户端的变量 count，Socket 需要用到的变量 listen_sock 和 serveraddr，以及用于检查是否成功执行的变量 retval。

服务器类 MyServer 的定义如下：

```
class MyServer
{
public:
    MyServer();
    ~MyServer();

    int                  CreatServer();
    void                 CloseServer();
    void                 Receive_and_Send();
    void                 NoticeClientsAmount(int whichClient);
    void                 NoticeClientsID(int whichClient);

    vector<ClientMember> clientList;
    int                  state;
    int                  count;
    int                  MemberAccount;

    void                 err_display(char *msg);
    void                 err_quit(char *msg);

    SOCKET               listen_sock;
    SOCKADDR_IN          serveraddr;
    int                  retval;
};
```

服务器不需要图形界面，只需要利用控制台显示必要信息，所以 main 函数的内容如下：

```
MyServer ms;                  //声明 Server 类
if(ms.CreatServer() < 0)
{
    printf("CreatServer failed\n");
    return -1;
} //创建 server 端口 9000
StartThreads(ms);             //开启服务器接收转发线程
ms.CloseServer();             //关闭服务器
```

使用 CreatServer() 函数创建服务器的代码如下：

```cpp
int MyServer ::CreatServer()
{
    WSADATA wsa;
    if (WSAStartup(MAKEWORD(2, 2), &wsa) != 0)
        return -1;

    listen_sock = socket(AF_INET, SOCK_STREAM, 0);
    if (listen_sock == INVALID_SOCKET)
    {
        err_quit("socket()");
        return -2;
    }

    memset(&serveraddr, 0, sizeof(serveraddr));
    serveraddr.sin_family = AF_INET;
    serveraddr.sin_port = htons(9000);
    serveraddr.sin_addr.s_addr = htonl(INADDR_ANY);
    retval = bind(listen_sock, (SOCKADDR *)&serveraddr, sizeof(serveraddr));
    if (retval == SOCKET_ERROR)
    {
        err_quit("bind()");
        return -3;
    }

    retval = listen(listen_sock, SOMAXCONN);
    if (retval == SOCKET_ERROR)
    {
        err_quit("listen()");
        return -4;
    }
    return 0;
}
```

WSADATA 结构体保存了 Windows 套接字初始化信息，我们可以不去关心里面有什么；调用 WSAStartup()函数可以告知系统我们要调用哪个版本的 SOCKET 库。上面的代码调用了 2.2 版本。随后我们需要调用 socket()函数初始化服务器的 Socket。socket()函数的定义如下：

```
SOCKET WSAAPI socket(
    int af,
```

```
    int type,
    int protocol
);
```

其中，参数 af 是协议簇，我们设置成 AF_INET，表明使用 IPv4 协议；参数 type 是套接口类型，我们选用字节流接口 SOCK_STREAM，这种类型无丢失、损坏或冗余，能提供可靠的面向连接的字节流；参数 protocol 指协议，可以用 0 表示不指定。这里只介绍了我们用到的可选项，上述参数的其他选项可以自行查阅。

成功创建 Socket 后，我们要填一下 IPv4 的因特网套接口地址数据结构体 sockaddr_in。该结构体如下：

```
struct sockaddr_in{
    short sin_family;
    unsigned short sin_port;
    IN_ADDR sin_addr;
    char sin_zero[8];
};
```

各成员说明如下：
- sin_family：协议簇，必须是 AF_INET。
- sin_port：端口号。
- sin_addr：IP 地址。
- sin_zero：空字节，没有使用。

我们设置端口号为 9000，IP 地址的 INADDR_ANY 为 0.0.0.0。

htonl()函数和 htons()函数用于字节顺序转换，这里不做详述。

接下来，我们通过 bind()函数让服务器指定套接口的 IP 地址和端口号，函数原型如下：

```
int bind(
    SOCKET          s,
    const sockaddr* addr,
    int             namelen
);
```

其中，参数 s 要求传入一个未绑定的 Socket；传入参数 addr 时要将之前填充的 sockaddr_in 结构体转换成 sockaddr 类型；参数 namelen 设置为 serveraddr 一样的大小就行了(如果使用 sockaddr 就设置成该结构体的大小)。

最后调用 listen()函数让服务器侦听该套接口：

```
int WSAAPI listen(
    SOCKET s,
    int    backlog
);
```

其中，参数 s 是一个已绑定但尚未建立连接的 Socket；参数 backlog 为客户请求队列最大长度，设置成 SOMAXCONN 则会让队列达到最大长度。

至此，创建服务器的工作就完成了。

2. 开启多线程

StartThreads()函数会调用_beginthreadex()函数开启多线程。原型如下：

```
uintptr_t  _beginthreadex(
    void* security,
    unsigned stack_size,
    unsigned ( _stdcall* start_address )( void * ),
    void* arglist,
    unsigned initflag,
    unsigned* thrdaddr
);
```

各个参数说明如下：

- security：安全性，设置成 NULL 就可以了。
- stack_size：新线程堆栈大小，这里设成 0。
- start_address：开始执行新线程的地址。
- arglist：传给新线程的参数列表。
- initflag：线程初始状态，0 表示立即运行。
- thrdaddr：指向接收线程标识符的变量，设成 NULL 表示不使用它。

我们这样开启服务器的新线程：

```
_beginthreadex(NULL, 0, ServerMessageTransform, &ms, 0, 0);
```

3. 通信

在 ServerMessageTransform()函数中，我们调用了 Receive_and_Send()函数。接下来我们就以 Receive_and_Send()函数为例来看一下服务器如何通过 Socket 与客户端进行通信。

当一个客户端请求连接服务器后，我们需要接收请求、记录这个客户端的 Socket 信息，并在列表中标记它，同时让在线客户端数量加 1、修改 state 变量告诉程序这个线程已经连接上客户端了。这就需要另开一个新线程去接收新的连接请求。具体代码如下：

```
ClientMember cl;
clientList.push_back(cl);
count++;
int _this = count;
clientList[count].flag = count;
SOCKADDR_IN clientaddr;
int addrlen;
state = 1;
```

```
addrlen = sizeof(SOCKADDR_IN);
clientList[_this].client = accept(listen_sock, (SOCKADDR *)&clientaddr, &addrlen);
```

其中，accept()函数的原型如下：

```
SOCKET WSAAPI accept(
    SOCKET      s,
    sockaddr*   addr,
    int*        addrlen
);
```

其中，第一个参数 s 包含了服务器的 IP 地址和端口号；参数 addr 是一个指向客户端的指针；addrlen 则是 addr 的大小。

我们通过 recv()函数接收套接口的数据，函数原型如下：

```
int recv(
    SOCKET s,
    char*  buf,
    int    len,
    int    flags
);
```

各参数说明如下：

- s：一个已经连接的 Socket。
- buf：指向接收缓存区的指针。
- len：buf 的长度。
- flags：读取标志。

recv()函数的调用形式如下：

```
retval = recv(clientList[_this].client, clientList[_this].buf , 512, 0);
```

发送数据则使用 send()函数，函数原型如下：

```
int WSAAPI send(
    SOCKET       s,
    const char*  buf,
    int          len,
    int          flags
);
```

各参数说明如下：

- s：一个已经连接的 Socket。
- buf：指向发送缓存区的指针。
- len：buf 的长度。
- flags：发送标志。

send()函数的调用形式如下：

```
retval = send(clientList[i].client, clientList[_this].buf, sizeof(Data), 0);
```

最后，断开连接时不要忘记关闭 Socket：

```
closesocket(clientList[_this].client);
```

14.2.2 客户端

客户端需要考虑向服务器发送哪些数据，如何处理服务器发回的数据报文，同时也要处理本地的模型位置更新、键盘响应(该部分内容在之前讲解三维动画时已经解决了，只需使用先前模型动画的代码和模型即可，这里就不再赘述)。本小节着重介绍收发、处理报文的方法。我们这样设计客户端类 MyClient：

```cpp
class MyClient
{
public:
    int          creatClient();
    void         closeClient();
    void         receiveMessage(FormatReceiveData* frd);
    void         sendMessage(Data* d);
    void         sendMessage_(clientsResult cr);
    void         sendMessage_(thisClientID tcID);
    void         getv_Translate(D3DXVECTOR3 * v_Translate);
    D3DXVECTOR3  client_Translate;
private:
    SOCKET       ClientSocket;
};
```

其中，creatClient()和 closeClient()函数分别负责客户端的开启和关闭；receiveMessage()函数负责处理收到的数据报文，重载了 2 个；sendMessage()函数用来发送与模型移动有关的信息；sendMessage_()函数用来发送不同的数据；getv_Translate()函数用来获得移动向量。

与 Socket 有关的不少关键代码在 14.2.1 节已经介绍过了，这里介绍一些不一样的。

下面语句用来创建客户端的 Socket：

```cpp
ClientSocket = socket(AF_INET, SOCK_STREAM, IPPROTO_TCP);
```

创建服务器的 Socket 时我们没有指定协议，但在创建客户端时有必要指定使用的 TCP 协议，将最后一个参数设置成 IPPROTO_TCP 即可。另外，我们需要使用 connect()函数连接服务器：

```cpp
int WSAAPI connect(
    SOCKET              s,
    const sockaddr*     name,
```

```
            int                 namelen
);
```

其中，参数 s 是一个未连接的 Socket；参数 name 是指向 sockaddr 的指针；参数 namelen 是参数 name 的大小。

我们稍微简化了一下代码，让检查该函数是否成功执行变成一行代码。如果建立连接失败，则需要关闭相应的 Socket，并清理 WSADATA 结构体调用的库，不能像服务器那样一直开着不管。具体代码如下：

```
if (SOCKET_ERROR == connect(ClientSocket, (SOCKADDR*)&ServerAddr, sizeof(ServerAddr)))
{
    printf("connect failed with error code: %d\n", WSAGetLastError());
    closesocket(ClientSocket);
    WSACleanup();
    return -1;
}
```

在填充 sockaddr_in 结构体时需要指明服务器的 IP 地址和端口号，由于此处的举例是在同一台电脑上进行演示的，因此服务器的 IP 地址需要指定成 127.0.0.1。另外，我们需要检查一下套接字版本。具体代码如下：

```
if (LOBYTE(wsaData.wVersion) != 2 || HIBYTE(wsaData.wVersion) != 2)
{
    printf("wVersion was not 2.2\n");
    return -1;
}
ServerAddr.sin_family = AF_INET;
ServerAddr.sin_port = htons(9000);
ServerAddr.sin_addr.S_un.S_addr = inet_addr("127.0.0.1");
```

在 main.cpp 中我们给客户端开启两个线程：一个负责接收数据；一个负责发送数据。客户端向服务器发送模型移动的信息和按键，服务器发回的数据报文需要经过区分后分别处理。具体代码如下：

```
_beginthreadex(NULL, 0, ThreadRecv, &mc, 0, NULL);
_beginthreadex(NULL, 0, ThreadSend, &mc, 0, NULL);
```

14.3 应用案例

本节我们来实现本章最开始提到的多线程服务器以及配套的客户端。此处使用的动画素材是第 8 章中的模型，最终要实现每开启一个新的客户端，所有已经运行的客户端上都会出现一个新的模型,并且保证各个客户端上的模型的动作及位置是一样的。

服务器类和客户端类的结构以及如何通过 TCP/IP 协议收发数据包已经在前面介绍了,三维模型的加载、移动等内容如果你有些忘了,可以回顾前面的章节,这里不再重复。本节的重点在于如何让所有客户端上不同的模型处在对应的位置(也就是服务器与客户端之间通信的内容)。

14.3.1 服务器端

打开本书配套开源代码中项目下的 clientMember_And_Data.h 文件,您可以看到里面有很多个类,它们分别用来处理不同的数据。注释里的内容已经说明了这些类的用途。

```
//连接上的客户端
class ClientMember
{
public:
    SOCKET    client;
    char      buf[513];    //发送信息
    int       flag;
};

//模型位置和角度
class initPostion
{
public:
    //位置
    float   x;
    float   y;
    float   z;
    //角度
    float   _x;
    float   _y;
    float   _z;
};

//判断从哪个客户端发来了与模型位置有关的信息,以便更新对应的模型
class Data
{
public:
    int       id;       //数据分类
```

```
        int         mykey;
        initPostion postion;
        int         state;      //客户端状态
        int         fromWhichClient;
};

class clientsAmount
{
public:
        int         id;
        int         howManyClients;
        int         totalClientAmount;
};

class clientsResult
{
public:
        int         id;
        int         state;
};

class thisClientID
{
public:
        int         id;
        int         _thisClientID;
        int         receiveState;
};
```

  由于 TCP/IP 协议仅仅是用来传输数据的协议,并不关心数据包里面的内容,所以我们在每一种发出去的数据包类里都加了一个 id 字段,好让接收方知道该如何处理收到的数据包。同样的方法也用在客户端上。

  现在我们回头看一下之前略过的两个函数 NoticeClientsAmount()和 NoticeClientsID()。前者用来统计连接在服务器上的客户端的数量,这样才能让每个客户端上显示数量正确的人物模型;后者则是通过发送一个数据包告知客户端其在服务器上 clientList 中的位置,客户端在成功接收这个数据包后会向服务器回传一个数据包,以表示正确收到该消息。这也就是 thisClientID 类的作用。clientList 是用来记录客户端的 vector 容器,每有一个客户端连进来,就会生成一个 ClientMember 类对象,并把类对象对应的数据放到容器里。

服务器接受客户端的连接之后就需要一直等待众多客户端中的一个向服务器发送数据，之后再转发给其他客户端——即广播，所以这个过程是在一个死循环中进行的。广播部分我们直接遍历 clientList 中的每个元素，给那些成功连接上服务器的客户端发送相同的数据包。在 Receive_and_Send() 函数中告知所有客户端有新增客户端连接，并更新 clientList 之后会执行下面的代码：

```
while (true)
{
    Sleep(2);
    //接收数据
    Data d;
    memset(clientList[_this].buf, 0, sizeof(clientList[_this].buf));
    retval = recv(clientList[_this].client, clientList[_this].buf , sizeof(clientList[whichClient].buf), 0);

    //输出接收的数据
    clientList[_this].buf[retval] = '\0';
    memcpy(&d,clientList[_this].buf,sizeof(Data));
    d.fromWhichClient = _this;
    printf("[TCP/ %s: %d] :\n%d,%d\n", inet_ntoa(clientaddr.sin_addr), ntohs(clientaddr.sin_port),
            d.mykey,d.fromWhichClient);

    //发送数据
    for (int i = 0;i < clientList.size()-1;i++)
    {
        if(clientList[i].client != NULL)
        {
            printf("flag:%d\n",clientList[i].flag);
            d.state = 1;
            d.id = 1;
            memset(clientList[_this].buf,0,sizeof(clientList[_this].buf));
            memcpy(clientList[_this].buf,&d,sizeof(Data));
            retval = send(clientList[i].client, clientList[_this].buf,sizeof(Data), 0);
            if (retval == SOCKET_ERROR)
            {
                err_display("send()");
                break;
            }
        }
    }
}
```

NoticeClientsID()和 NoticeClientsAmount()两个函数会一直向客户端发送消息，直到成功收到客户端的回复为止。这两个函数的代码如下：

```cpp
void MyServer :: NoticeClientsID(int whichClient)
{
    while (true)
    {
        thisClientID test;
        test.id = 4;
        test._thisClientID = count;
        memset(clientList[whichClient].buf,0,sizeof(clientList[whichClient].buf));
        memcpy(clientList[whichClient].buf,&test,sizeof(thisClientID));
        retval = send(clientList[whichClient].client, clientList[whichClient].buf,sizeof(thisClientID), 0);
        if (retval == SOCKET_ERROR)
        {
            err_display("send()");
            break;
        }
        thisClientID cr;
        cr.receiveState = 0;
        memset(clientList[whichClient].buf, 0, sizeof(clientList[whichClient].buf));
        retval = recv(clientList[whichClient].client, clientList[whichClient].buf,
                sizeof(clientList[whichClient].buf), 0);
        clientList[whichClient].buf[retval] = '\0';
        memcpy(&cr,clientList[whichClient].buf,sizeof(thisClientID));
        if(cr.receiveState == 1)
        {
            printf("Client amount send over\n");
            break;
        }
    }
}

void MyServer ::NoticeClientsAmount(int whichClient)
{
    while (true)
    {
```

```cpp
clientsAmount test;
test.id = 2;
test.totalClientAmount = count;
test.howManyClients = MemberAccount;
memset(clientList[whichClient].buf,0,sizeof(clientList[whichClient].buf));
memcpy(clientList[whichClient].buf,&test,sizeof(clientsAmount));
retval = send(clientList[whichClient].client, clientList[whichClient].buf,
        sizeof(clientsAmount), 0);
if (retval == SOCKET_ERROR)
{
    err_display("send()");
    break;
}

clientsResult cr;
cr.state = 0;
memset(clientList[whichClient].buf, 0, sizeof(clientList[whichClient].buf));
retval = recv(clientList[whichClient].client, clientList[whichClient].buf , 512, 0);
clientList[whichClient].buf[retval] = '\0';
memcpy(&cr,clientList[whichClient].buf,sizeof(clientsResult));
if(cr.state == 1)
{
    printf("Client amount send over\n");
    break;
}
        }
    }
```

14.3.2 客户端

客户端的代码依然比服务器复杂。在项目下的 Data.h 文件中除了服务器端的数据包类型外，还添加了用于格式化收发数据的 FormatReceiveData 类。

```cpp
class FormatReceiveData
{
    public:
    int         packageID;
```

```
        Data              d;
        clientsAmount     ca;
        clientsResult     cr;
        thisClientID      tcID;
    };
```

我们使用上、下、左、右四个方向键来控制模型的移动。由于一个场景中存在多个模型，所以每次刷新场景时需要更新所有模型的位置信息。为此我们需要声明一个全局的 Data 类型的 vector 容器 dataList，Render() 函数也要修改一下：

```
    bool MyD3D::Render(float timeDelta,vector<Data>receive,int howManyClientsInServer,int myClientID)
    {
        if(receive[i].mykey != 0)
        {
            characterMap[i].Render(p_Device);
            characterMap[i].v_Translate = D3DXVECTOR3(receive[i].postion.x, receive[i].postion.y,
                        receive[i].postion.z);

            characterMap[i].SetTranslation(characterMap[i].v_Translate);
            characterMap[i].v_Rotate = D3DXVECTOR3(receive[i].postion._x, receive[i].postion._y ,
                        receive[i].postion._z);

            characterMap[i].SetRotation(characterMap[i].v_Rotate);
            cur_motion_state = ANIM_WALK;
        }
        else
        {
            characterMap[i].Render(p_Device);
        }
        character.Render(p_Device);
    }
```

其中，characterMap 是 STL 中 map 数据类型变量，在 MyD3D 类中定义：

```
        map<int,D3DXAnimation>    characterMap;
```

此处不同的客户端其实是同一台电脑上的不同窗口，只有当前选中的窗口才能通过方向键控制其对应的人物模型移动，所以我们重载了 FrameMove() 函数：一种对应选中的窗口；另一种对应未选中的窗口。对于选中的窗口，直接更新本窗口对应的人物模型位置，FrameMove() 函数跟之前的一样；其他窗口则需要接收服务器发来的消息再进行更新。具体代码如下：

```cpp
void MyD3D::FrameMoveClientCharacter(float timeDelta,int netKey, int i)
{
    /*这里只给出一个按键处理的代码,其他按键都是类似的*/
    if( netKey==1 )
    {
        characterMap[i].v_Translate += D3DXVECTOR3(0.0f, 0.0f, _speed * timeDelta);
        characterMap[i].SetTranslation(characterMap[i].v_Translate);
        characterMap[i].v_Rotate = D3DXVECTOR3(0.0f, D3DX_PI * 1.0f, 0.0f);
        characterMap[i].SetRotation(characterMap[i].v_Rotate);
        cur_motion_state = ANIM_WALK;
    }
    /*其他按键处理代码*/
}
```

为了确认当前窗口是否被选中,我们还需要在 D3DUT.cpp 的 WndProc()函数中添加一些事件,并声明一个全局变量 winState,用来保存窗口是否被选中的状态。具体代码如下:

```cpp
switch(msg)
{/*其他代码*/
    case WM_ACTIVATE:
        winState = 1;
        printf("激活窗口,%d\n",winState);
        break;
    case WM_KILLFOCUS:
        winState = 0;
        printf("非激活窗口,%d\n",winState);
        break;
}
```

接下来了解一下客户端如何处理收到的数据包以及如何向服务器发送数据。我们注意到,在 14.2 节,客户端的接收和发送是两个线程,这是因为客户端不见得总是在发送数据,但必须时刻留意有没有数据从服务器发过来。在此处客户端会向外发送 3 种数据包(不包括 TCP 建立连接和断开连接时的数据包):模型移动、自己的 id 号和接收服务器发来的数据的回复。与之相对的就有 3 个发送函数,分别是 sendMessage(Data* d)、sendMessage_(thisClientID tcID)和 sendMessage_(clientsResult cr)。其中后两个函数是在客户端连上服务器后发给服务器的回复信息,只需要发送一次。sendMessage(Data* d)函数用来发送模型移动的数据,需要发送线程频繁发送。发送线程代码如下:

```cpp
void MyClient ::sendMessage(Data* d)
{
    char buf[512] = { 0 };
    d->fromWhichClient = 0;
    d->id = 1;
    memcpy(buf, d, sizeof(Data));
    if (send(ClientSocket, buf, sizeof(Data), 0) == SOCKET_ERROR)
        return;
}
```

另外两个函数可以查看配套的源代码。

客户端一共会接收 3 种数据包：服务器告知编号、客户端总数数据包、人物模型位置变化数据包。在收到数据包之后，需要通过每个数据包的 id 字段判断这是哪种数据包，再决定该怎么处理。接收线程中调用了客户端的 receiveMessage()函数，函数定义如下：

```cpp
void MyClient ::receiveMessage(FormatReceiveData* frd)
{
    //接收缓存
    char buf[128] = { 0 };
    recv(ClientSocket, buf, sizeof(buf), 0);

    //判断是什么数据包
    memcpy(&(frd->packageID), buf, sizeof(int));
    //将对应的数据包放入
    if(frd->packageID == 1)
    {
        memcpy(&(frd->d),buf,sizeof(buf));
    }
    if(frd->packageID == 2)
    {
        memcpy(&(frd->ca),buf,sizeof(buf));
    }
    if(frd->packageID == 3)
    {
        memcpy(&(frd->cr),buf,sizeof(buf));
    }
    if(frd->packageID == 4)
    {
```

```
            memcpy(&(frd->tcID),buf,sizeof(buf));
        }
    }
```

虽然这里有 4 种数据包，但 id 为 3 的数据包并不需要进一步处理，后面我们也会看到对它的处理过程是空的。使用指针作为参数是因为 FormatReceiveData 结构体实在太大，使用指针作为参数传递可以省去复制整个结构体的时间和空间。

在客户端的 main.cpp 中声明全局变量 FormatReceiveData frdReceive，用于后续的程序处理。接收线程代码如下：

```
unsigned _stdcall ThreadRecv(void* param)
{
    FormatReceiveData tempfrdReceive;
    while(1)
    {
        memset(&tempfrdReceive, 0, sizeof(FormatReceiveData));
        Sleep(2);
        //接收数据
        tempfrdReceive = mc.receiveMessage(tempfrdReceive);
        //判断数据类型
        if(tempfrdReceive.packageID == 1)
        {
            frdReceive.d = tempfrdReceive.d;
        }
        else
        {
            frdReceive.d.mykey = 0;
        }
        if(tempfrdReceive.packageID == 2)
        {
            frdReceive.ca = tempfrdReceive.ca;
            clientsResult cr;
            cr.id = 3;
            cr.state = 1;
            mc.sendMessage_(cr);
        }
        if(tempfrdReceive.packageID == 3)
        {
```

```
        }
        if(tempfrdReceive.packageID == 4)
        {
            frdReceive.tcID = tempfrdReceive.tcID;
            thisClientID tid;
            tid.receiveState = 1;
            tid.id = 4;
            mc.sendMessage_(tid);
        }

        dataList[frdReceive.d.fromWhichClient] = frdReceive.d;
    }
    return 0;
}
```

最后附上运行截图，如图 14.3 所示(我们开启了服务器和两个客户端)。

图 14.3　两客户端运行效果图